Q&A
早わかり
鳥獣被害防止特措法

編著／自由民主党農林漁業有害鳥獣対策検討チーム

大成出版社

巻頭言

　現在、農山漁村における鳥獣による農林水産業被害は深刻化の一途をたどっております。鳥獣による被害は、金額として現れるものだけでなく、営農意欲の減退をもたらすなど、その影響は計り知れないものがあります。

　自由民主党では、鳥獣被害に苦慮している現場の声に応えるため、山村振興委員会及び農林漁業有害鳥獣対策議員連盟との合同により、平成19年3月以来、農林漁業有害鳥獣対策検討チームを立ち上げ、12回にわたる会合と6回に及ぶ現地調査を行い、その中で、現場の皆様からのヒアリングや意見交換、御要請の聴取等を経て、鳥獣被害対策の強化について、鋭意検討を行い、法案をとりまとめ、自由民主党及び公明党から議員立法として、平成19年12月4日に第168回臨時国会に提出しました。

　その後、民主党をはじめとする各党からの御協力を得て、「鳥獣による農林水産業等に係る被害の防止のための特別措置に関する法律案」として衆議院農林水産委員長提案に切り替え、同月14日に可決・成立し、平成20年2月21日より施行されました。

　今後、現場において本法を御活用頂くことにより、鳥獣被害の防止に貢献したいという願いを込めて、本書を出版する運びとなりました。

　本書が、鳥獣被害対策の関係者の皆様の本法の理解と対策の推進の一助となれば幸いです。

自由民主党農林漁業有害鳥獣対策検討チーム
座長　宮路　和明　衆議院議員

Q&A 早わかり鳥獣被害防止特措法　目次

巻頭言

第1編　Q&A

(総論関係)
Q1　法案提出までの自民党の農林漁業有害鳥獣対策検討チームの活動経緯を教えてください。……………………………………3

(総論・第1条関係)
Q2　鳥獣被害防止特措法を制定した目的は何ですか。………………7
Q3　鳥獣被害防止特措法の概要と期待される効果は何ですか。……8

(総論・第2条関係)
Q4　鳥獣被害防止特措法の対象とする「鳥獣被害」とは具体的に何を指すのですか。……………………………………………10
Q5　鳥獣による農林水産業の被害状況について教えてください。………11

(総論・第3条・第4条関係)
Q6　鳥獣被害防止特措法と鳥獣保護法との関係は、どのようになっていますか。…………………………………………………12

(第3条関係)
Q7　農林水産大臣が定める被害防止施策の基本的な指針の内容は、どのようなものですか。……………………………………14
Q8　被害防止施策の基本的な指針と、鳥獣保護の基本的な指針との整合性は、どのようにして図られたのですか。………………15

(第4条関係)
Q9　市町村が作成する被害防止計画には、どのような事項を記載すればよいのですか。………………………………………16
Q10　鳥獣種別の特性と被害防止施策のポイントを教えてください。………17
Q11　鳥獣は市町村の境界に関係なく移動するので、被害防止計画は市町村単位ではなく、より広い範囲で作成すべきではないでしょうか。……………………………………………………19

Q12 被害防止計画と鳥獣保護事業計画等との整合性は、どのようにして図られるのですか。……………………………………20

Q13 被害防止計画の公表は、どのような方法で行えばよいのですか。………………………………………………………21

（第4条・第5条関係）
Q14 鳥獣被害対策についての情報が少ない市町村では、被害防止計画を作成するのは大変だと考えますが、都道府県からどのような援助が受けられるのでしょうか。………………22

（第4条・第6条関係）
Q15 被害防止計画を作成した場合、都道府県に代わって市町村自ら、被害防止のために鳥獣の捕獲を許可できることとされていますが、具体的な手続きについて教えてください。……………23

Q16 すでに都道府県条例により、捕獲許可権限を委譲されている市町村についても、改めて本法に基づく捕獲許可権限の委譲手続きが必要なのでしょうか。……………………………24

（第7条関係）
Q17 市町村だけでなく、都道府県においても、鳥獣被害対策のための計画づくりを進めるべきと考えますが、この点についていかがお考えですか。………………………………25

（第8条関係）
Q18 被害防止計画を作成した市町村に対する財政上の措置について、具体的に教えてください。………………………26

Q19 鳥獣被害対策に関する特別交付税措置の拡充内容について、具体的に教えてください。………………………………27

（第9条関係）
Q20 市町村が設置できるとされている鳥獣被害対策実施隊の隊員の要件について教えてください。…………………………28

Q21 同一の人物が、複数の市町村の鳥獣被害対策実施隊の隊員となることは可能なのでしょうか。………………………29

Q22 鳥獣被害対策実施隊に対する支援措置について教えてくださ

　　　　い。……………………………………………………………………30
　Q23　対象鳥獣捕獲員が狩猟税の軽減措置を受けるためには、どのよ
　　　　うな手続きが必要でしょうか。……………………………………31
　Q24　非常勤の鳥獣被害対策実施隊員の報酬や補償措置はどのように
　　　　すればよいでしょうか。……………………………………………32
　Q25　従来から有害鳥獣捕獲隊等を組織してきた市町村は、全て、鳥
　　　　獣被害対策実施隊に移行する必要があるのですか。………………34
（第10条関係）
　Q26　捕獲した鳥獣を処理する方法としては、どのようなものがあり
　　　　ますか。………………………………………………………………35
　Q27　捕獲鳥獣の処分に対する支援措置にはどのようなものがありま
　　　　すか。…………………………………………………………………37
　Q28　鳥獣の肉を活用するに当たって、食品衛生の観点からどのよう
　　　　な規制があるのでしょうか。………………………………………38
（第11条関係）
　Q29　鳥獣被害防止特措法第11条では、農林水産大臣は、この法律の
　　　　目的を達成するため必要があると認めるときは、環境大臣、文
　　　　部科学大臣に意見を述べることが出来るとされていますが、具
　　　　体的にどのような事項を想定されているのでしょうか。…………39
（第12条関係）
　Q30　鳥獣被害対策を円滑に実施するためには、国、都道府県の関係
　　　　部局の連携が重要と考えますが、この点についていかがお考え
　　　　でしょうか。…………………………………………………………40
　Q31　鳥獣被害対策を実施するためには、市町村だけでなく、農林漁
　　　　業団体等の関係団体との連携が重要と考えますが、この点につ
　　　　いていかがお考えでしょうか。……………………………………41
（第13条関係）
　Q32　被害の状況や鳥獣の生息状況等を把握するために、具体的にど
　　　　う取り組んでいくのでしょうか。…………………………………42
　Q33　鳥獣被害防止特措法第13条で、国及び地方公共団体が行うこと

とされている鳥獣の生息状況等の調査は、市町村が単独で実施することは難しいと考えますが、この点についていかがお考えでしょうか。······43

(第14条関係)

Q34 鳥獣被害対策を実施するに当たっては、まず、被害原因の究明を進めることが重要と考えますが、この点についていかがお考えでしょうか。······44

Q35 鳥獣被害対策の新技術など、研究開発を進めることが必要と考えますが、この点についていかがお考えでしょうか。······45

(第15条関係)

Q36 市町村において、鳥獣被害対策に関する人材育成を進めることが重要と考えますが、この点についていかがお考えでしょうか。···46

(第16条関係)

Q37 狩猟免許等に関する手続き的な負担の軽減とは、具体的に、どのようなことを想定しているのでしょうか。······47

(第17条関係)

Q38 鳥獣被害対策は、農林漁業者等の関係者だけでなく、国民全体の理解と関心を深める必要があると考えますが、この点についていかがお考えでしょうか。······48

(第18条関係)

Q39 鳥獣被害の防止は重要ですが、一方で、人と鳥獣との共存を図るために、鳥獣の生息環境の整備等を実施すべきではないでしょうか。······49

(第19条関係)

Q40 鳥獣被害防止特措法には、被害防止施策を講ずるに当たり、生物の多様性の確保等に留意することが明記されていますが、具体的な留意点を教えてください。······50

(第20条関係)

Q41 鳥獣被害防止特措法に、鳥獣の被害防止施策と相まって、農林漁業の振興や農山漁村の活性化を図ることを明記した意図を教

えてください。···51

(他の法律関係)
Q42　鳥獣被害対策に自衛隊の協力を要請できるようになると聞きましたが、どうなったか教えてください。·······························52
Q43　市町村の職員の有害鳥獣駆除目的でのライフル銃の所持について教えてください。···54

(コラム)
・被害対策の考え方と防護柵設置のポイント·····························56
　　小寺祐二氏（長崎県鳥獣対策専門員　農学博士）
・箱わな（檻）によるイノシシ捕獲···58
　　栃木県足利市　須永重夫氏（イノシシ捕獲名人、農林水産省野生鳥獣被害対策アドバイザー）

第2編　関係法令等

○鳥獣による農林水産業等に係る被害の防止のための特別措置に関する法律（平成19年12月21日法律第134号）·····················63
○鳥獣の保護及び狩猟の適正化に関する法律（読み替え表）·······73
○鳥獣による農林水産業等に係る被害の防止のための特別措置に関する法律施行規則（平成20年2月21日農林水産省令第7号）·······86
○環境省関係鳥獣による農林水産業等に係る被害の防止のための特別措置に関する法律施行規則（平成20年2月21日環境省令第1号）·········87
○鳥獣の保護及び狩猟の適正化に関する法律施行規則（読み替え表）·······90
○鳥獣の保護及び狩猟の適正化に関する法律施行規則の一部を改正する省令（平成20年2月21日環境省令第2号）·······················98
○鳥獣の保護及び狩猟の適正化に関する法律施行規則（新旧対照条文）····99
○第168回国会衆議院農林水産委員会委員会決議（平成19年12月11日）····101
○第168回国会参議院農林水産委員会附帯決議（平成19年12月13日）········102
○地方税法抜粋（狩猟税関係）···103

第3編　関係告示及び関係通知

○鳥獣による農林水産業等に係る被害の防止のための施策を実施するための基本的な指針（平成20年2月21日農林水産省告示第254号）………107

○鳥獣による農林水産業等に係る被害の防止のための特別措置に関する法律に基づく被害防止計画の作成の推進について（平成20年2月21日農林水産省生産局長通知）……………………………………………121

○鳥獣による農林水産業等に係る被害の防止のための特別措置に関する法律の施行に伴う鳥獣の保護及び狩猟の適正化に関する法律等の運用について（平成20年2月21日環境省自然環境局長通知）…………133

○鳥獣による農林水産業等に係る被害の防止のための特別措置に関する法律の施行に伴う鳥獣の保護及び狩猟の適正化に関する法律等の運用について（平成20年2月21日環境省自然環境局野生生物課長通知）…………………………………………………………………………137

○鳥獣による農林水産業等に係る被害の防止のための特別措置に関する法律に基づく市町村から自衛隊への協力要請に伴う土木工事等の受託及び実施に関する訓令第3条の運用について（平成20年2月21日防衛省事務次官通達）……………………………………………………149

○土木工事等の受託及び実施に関する訓令（昭和30年3月14日防衛庁訓令第16号）………………………………………………………………151

（参考）
　・自衛隊法施行令抜粋（土木工事等の委託の申出関係）
　・鳥獣被害対策に係る自衛隊への協力要請について

○市町村等の職員からの有害鳥獣駆除目的のライフル銃の所持許可申請への対応について（平成20年4月22日警察庁生活安全局生活環境課執務資料）……………………………………………………………164

第4編　鳥獣被害対策関連資料

○野生鳥獣による農作物被害の状況……………………………………171
○鳥獣被害対策に関する特別交付税措置…………………………………174
○鳥獣被害対策関連予算（平成20年度）…………………………………175

○狩猟免許の申請手続き……………………………………………178
○捕獲許可の申請手続き……………………………………………179
○狩猟と有害捕獲について…………………………………………180
○猟銃等所持許可の申請手続き……………………………………181
○農作物野生鳥獣被害対策アドバイザーの登録制度の概要………183

第5編　鳥獣被害対策に関する官庁窓口
○鳥獣被害対策に関する官庁窓口…………………………………189

第1編　Q&A

第1章 序論

(総論関係)

Q1 法案提出までの自民党の農林漁業有害鳥獣対策検討チームの活動経緯を教えてください。

A

　自民党の農林漁業有害鳥獣対策チームは、鳥獣被害に苦慮している現場の声に応えるため、山村振興委員会及び農林漁業有害鳥獣対策議員連盟との合同により、平成19年３月に設置されました。

　鳥獣による農林水産業等に係る被害の防止のための特別措置に関する法律（以下、鳥獣被害防止特措法）は、農林漁業有害鳥獣対策チームにおいて、12回にわたる会合と６回に及ぶ現地調査を行い、現場で被害や対策で悩み、苦しんでおられる農林漁業者、農林漁業団体、猟友会、市町村、府県当局など多くの関係者や被害対策の専門家からのヒアリングや意見交換、要請の聴取等を経て、鳥獣被害対策の強化について、鋭意検討を行った上で、とりまとめたものです。

【資料】　法案成立までの自民党の農林漁業有害鳥獣対策検討チームの活動経緯

（平成19年）
3月12日（月）現地調査（長崎県佐世保市）
3月28日（水）現地調査（千葉県勝浦市、鴨川市）
3月29日（木）農林漁業有害鳥獣対策検討チーム（第1回）
　　　　　　・検討課題及び進め方等について
4月10日（火）農林漁業有害鳥獣対策検討チーム（第2回）
　　　　　　・現地調査報告（長崎県、千葉県）
4月18日（水）農林漁業有害鳥獣対策検討チーム（第3回）
　　　　　　・各種関係団体ヒアリング（自治体、共済組合、狩猟者団体、自然保護団体等）
4月25日（水）農林漁業有害鳥獣対策検討チーム（第4回）
　　　　　　・法制度関係事項について（捕獲体制の強化に係る事項）
5月9日（水）農林漁業有害鳥獣対策検討チーム（第5回）
　　　　　　・法制度関係事項について（鳥獣の管理の強化に係る事項）
5月16日（水）農林漁業有害鳥獣対策検討チーム（第6回）
　　　　　　・生息数・農林水産業被害の的確な把握等について
5月22日（火）農林漁業有害鳥獣対策検討チーム（第7回）
　　　　　　・財政措置及び税制等について
5月23日（水）農林漁業有害鳥獣対策検討チーム（第8回）
　　　　　　・捕獲等現場からのヒアリング
5月30日（水）農林漁業有害鳥獣対策検討チーム（第9回）
　　　　　　・議論及び論点整理
6月4日（月）現地視察（福島県福島市）
6月11日（月）現地視察（福井県若狭町）
6月13日（水）現地視察（栃木県足利市）
6月19日（火）農林漁業有害鳥獣対策検討チーム（第10回）
　　　　　　・現地調査報告（福島県、福井県、栃木県）及び麻生議員（外相）からの提案について
6月27日（水）農林漁業有害鳥獣対策検討チーム（第11回）
　　　　　　・農林漁業有害鳥獣対策抜本強化に関する緊急提言（案）について
8月23日（木）山村振興委員会・農林漁業有害鳥獣対策議員連盟合同会議

　　　　　　・農林漁業有害鳥獣対策抜本強化に関する緊急提言（案）について
8月24日（金）農林部会・総合農政調査会・林政調査会合同会議
　　　　　　・農林漁業有害鳥獣対策抜本強化に関する緊急提言について
10月31日（水）農林漁業有害鳥獣対策検討チーム（第12回）
　　　　　　・有害鳥獣による農林水産業等に係る被害の防止のための特別措置に関する法律案（仮称）要綱（案）について
11月7日（水）山村振興委員会・農林漁業有害鳥獣対策議員連盟合同会議
　　　　　　・有害鳥獣による農林水産業等に係る被害の防止のための特別措置に関する法律案について
　　　　　　・全国町村会、全国山村振興連盟からの要請
11月9日（金）農林部会・総合農政調査会・林政調査会合同会議
　　　　　　・有害鳥獣による農林水産業等に係る被害の防止のための特別措置に関する法律案について
11月13日（火）政調審議会（法案説明）
　　　　　　　総務会（法案説明）
11月20日（火）与党政策責任者会議（法案説明）
11月21日（水）現地視察（京都府）
12月4日（火）衆議院に「有害鳥獣による農林水産業等に係る被害の防止のための特別措置に関する法律案」提出（提出者・衛藤征士郎議員ほか6名）
12月5日（水）衆議院農林水産委員会
　　　　　　・「有害鳥獣による農林水産業等に係る被害の防止のための特別措置に関する法律案」提案理由説明（宮路和明議員）
12月11日（火）衆議院農林水産委員会
　　　　　　・「有害鳥獣による農林水産業等に係る被害の防止のための特別措置に関する法律案」撤回
　　　　　　・「鳥獣による農林水産業等に係る被害の防止のための特別措置に関する法律案」提案・採決
　　　　　　　衆議院本会議
　　　　　　・「鳥獣による農林水産業等に係る被害の防止のための特別措置に関する法律案」採決
12月13日（木）参議院農林水産委員会
　　　　　　・「鳥獣による農林水産業等に係る被害の防止のための特別措

　　　　　　　　置に関する法律案」質疑・採決
　12月14日（金）参議院本会議
　　　　　　　・「鳥獣による農林水産業等に係る被害の防止のための特別措
　　　　　　　　置に関する法律案」採決
　12月21日（金）「鳥獣による農林水産業等に係る被害の防止のための特別措置
　　　　　　　に関する法律」公布
（平成20年）
　2月21日（木）「鳥獣による農林水産業等に係る被害の防止のための特別措置
　　　　　　　に関する法律」施行

(総論・第1条関係)

Q2 鳥獣被害防止特措法を制定した目的は何ですか。

A

　近年、鳥獣による被害は、農林水産業に関する被害だけでなく、人身に対する被害や鳥獣を原因とする交通事故の発生など、中山間地域等を中心に全国的に深刻化している状況にあります。

　加えて、鳥獣による農林水産業等に関する被害は、農林漁業者の営農意欲低下等、直接的に被害額として数字に現れる以上の被害を及ぼしていると考えられます。

　このように深刻化する鳥獣被害に対応し、鳥獣による農林水産業等に関する被害防止のための施策を総合的かつ効果的に推進し、農林水産業の発展及び農山漁村地域の振興に寄与することを目的として、鳥獣被害防止特措法が制定されました。

（総論・第1条関係）

Q3 鳥獣被害防止特措法の概要と期待される効果は何ですか。

A

　鳥獣被害防止特措法は、現場に最も近い行政機関である市町村が農林水産業被害対策の中心となって、主体的に対策に取り組めるよう、
① 　農林水産大臣が被害防止対策の基本指針を策定し
② 　この基本指針に即して、市町村が被害防止計画を作成するとともに
③ 　被害防止計画を作成した市町村に対して、国等が財政上の措置等、各種の支援措置を講ずる
という内容です。

　本法により、被害の状況を適確に把握しうる市町村が、各種支援を活用して、地域の実情に即した対策を実施できるようになり、効果的な被害防止が図られるものと考えています。

鳥獣被害防止特措法の概要

目的

鳥獣による農林水産業等に係る被害の防止のための施策を総合的かつ効果的に推進し、農林水産業の発展及び農山漁村地域の振興に寄与します。

内容

農林水産大臣が被害防止施策の基本指針を作成します。

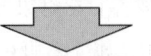

↓

基本指針に即して、市町村が被害防止計画を作成します。

被害防止計画を定めた市町村に対して、被害防止施策を推進するための必要な措置が講じられます。

具体的な措置

↓

- **権限委譲**：都道府県に代わって、市町村自ら被害防止のための鳥獣の捕獲許可の権限を行使できます。

- **財政支援**：地方交付税の拡充、補助事業による支援など、必要な財政上の措置が講じられます。

- **人材確保**：鳥獣被害対策実施隊を設け、民間の隊員については非常勤の公務員とし、狩猟税の軽減措置等の措置が講じられます。

施行期日

施行期日は平成20年2月21日です。

(総論・第2条関係)

Q4 鳥獣被害防止特措法の対象とする「鳥獣被害」とは具体的に何を指すのですか。

A

　鳥獣被害防止特措法においては、「鳥類または哺乳類に属する野生動物」による、「農林水産業等に係る被害」を対象としています。
　このうち、「鳥類または哺乳類に属する野生動物」には、アライグマやヌートリア等の外来生物も含まれます。また、鳥獣保護法の適用除外となっているトドも対象に含まれます。

　また、「農林水産業等に係る被害」とは、農林水産業に係る被害に加えて、農林水産業に従事する者等の生命または身体に係る被害・交通事故その他の生活環境被害も対象としています。

(総論・第2条関係)

Q5 鳥獣による農林水産業の被害状況について教えてください。

A

　少雪化や農山漁村の過疎化等に伴う鳥獣の生息域の拡大等に伴って、近年、鳥獣による農林水産業被害が広域化・深刻化しており、農作物の被害金額は、200億円前後で高止まりしています。

　また、シカ等による森林被害面積が5〜8千haで推移しているほか、トドによる漁業被害が毎年10億円以上発生しており、またカワウによるアユ等の食害も深刻です。

　さらに、鳥獣被害は、金額として現れる被害に加えて、収穫間際に被害を受けることによる営農意欲の減退をもたらすなど、農山漁村の暮らしに深刻な影響を与えています。

（総論・第3条・第4条関係）

Q6 鳥獣被害防止特措法と鳥獣保護法との関係は、どのようになっていますか。

A

　鳥獣被害防止特措法においては、農林水産大臣が定める被害防止施策の基本指針は、鳥獣保護法に基づく鳥獣保護の基本指針と整合性の取れたものでなければならないとしております。

　また、市町村が作成する被害防止計画についても、鳥獣保護法に基づく鳥獣保護事業計画及び特定鳥獣保護管理計画（特定計画）と整合性の取れたものでなければならないとしております。

　このように、鳥獣被害防止特措法は鳥獣保護法と整合性の取れた内容となっています。

特措法と鳥獣保護法との関係図

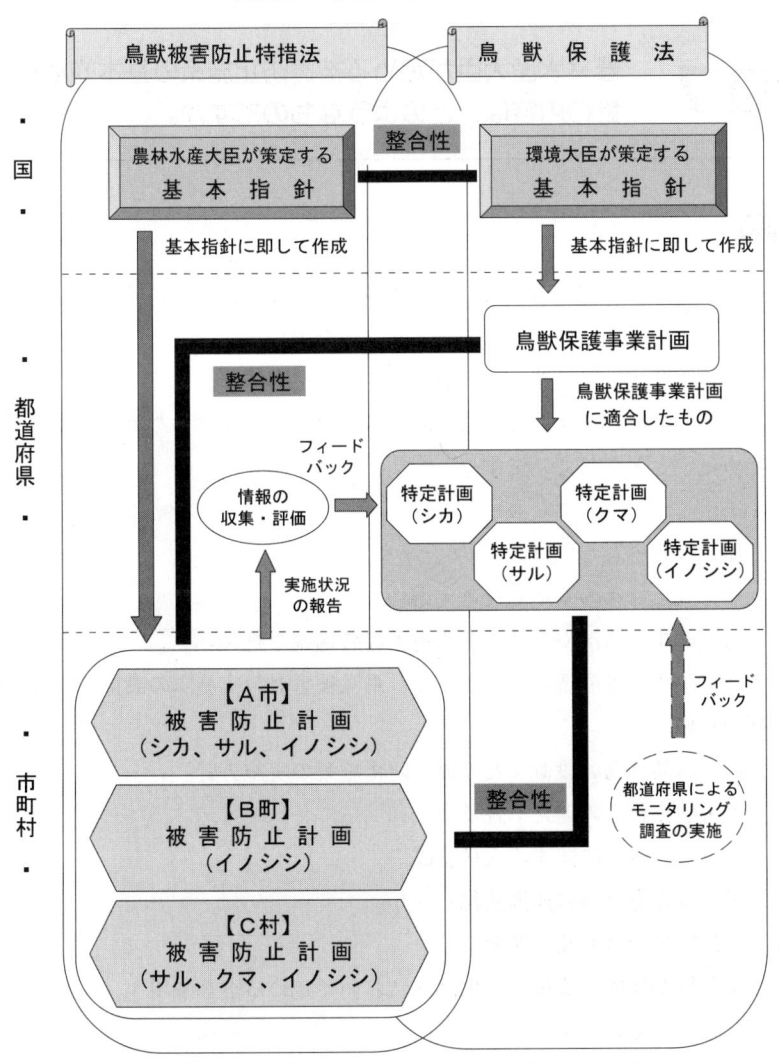

国

鳥獣被害防止特措法 / 鳥獣保護法

農林水産大臣が策定する **基本指針** ― 整合性 ― 環境大臣が策定する **基本指針**

都道府県

基本指針に即して作成（特措法側）／ 基本指針に即して作成 → 鳥獣保護事業計画

整合性

情報の収集・評価 ←フィードバック／実施状況の報告

鳥獣保護事業計画に適合したもの：
- 特定計画（シカ）
- 特定計画（クマ）
- 特定計画（サル）
- 特定計画（イノシシ）

都道府県によるモニタリング調査の実施 →フィードバック

市町村

- 【A市】被害防止計画（シカ、サル、イノシシ）
- 【B町】被害防止計画（イノシシ）
- 【C村】被害防止計画（サル、クマ、イノシシ）

整合性

※点線囲み部分は現在法律上規定されていないもの（基本指針に記載）。

(第3条関係)

Q7 農林水産大臣が定める被害防止施策の基本的な指針の内容は、どのようなものですか。

A

　農林水産大臣が定める被害防止施策の基本的な指針については、
第1　被害防止施策の実施に関する基本的な事項
第2　被害防止計画に関する事項
第3　その他被害防止施策を総合的かつ効果的に実施するために必要な事項
を定めることとされています。

　具体的な内容としては、
① 　被害防止対策の基本的な考え方
② 　鳥獣の生息状況や農林水産業被害等の適確な把握
③ 　被害防止対策協議会の組織化や、鳥獣被害対策実施隊の設置等の実施体制の整備
④ 　捕獲、防護柵の設置などの被害防止施策の実施方針
⑤ 　被害防止技術の開発や普及
⑥ 　鳥獣被害対策に関する人材育成
⑦ 　国、都道府県等の連携強化
⑧ 　生息環境の整備及び保全
⑨ 　市町村が作成する被害防止計画において定めるべき事項
等が記載されています。

(第3条関係)

Q8 被害防止施策の基本的な指針と、鳥獣保護の基本的な指針との整合性は、どのようにして図られたのですか。

A

　鳥獣被害防止特措法においては、農林水産大臣が定める被害防止施策の基本指針は、鳥獣保護法に基づく鳥獣保護の基本指針と整合性の取れたものでなければならないとされています。

　被害防止施策の基本指針を策定するに当たっては、事前に環境大臣と協議を行い、被害防止施策を講ずるに当たって、数が著しく減少している鳥獣又は著しく減少するおそれのある鳥獣については、適切な施策を講ずることにより、その保護が図られるよう十分配慮することについて記載するなど、鳥獣保護の基本指針と整合性の取れた内容となっています。

(第4条関係)

Q9 市町村が作成する被害防止計画には、どのような事項を記載すればよいのですか。

A

市町村が定める被害防止計画においては、
① 被害防止計画の対象とする鳥獣の種類
② 被害の現状及び被害の軽減目標
③ 捕獲、防護柵の設置などの市町村が実施する具体的な被害防止施策の内容
④ 鳥獣被害対策実施隊の設置など、市町村における被害防止施策の実施体制
⑤ 捕獲した鳥獣の処理方策
等を記載していただくことになります。

(第4条関係)

Q10 鳥獣種別の特性と被害防止施策のポイントを教えてください。

A

　鳥獣被害を防止するためには、捕獲や侵入防止柵の設置等の対策を総合的に実施することが基本となります。

　イノシシについては、繁殖能力が高いため、捕獲に加えて、侵入防止柵の設置や、緩衝帯の整備等の対策を組み合わせることが重要です。

　シカについては、捕獲による個体数調整に加えて、侵入防止柵の設置や緩衝帯の整備等を実施する必要があります。
　なお、シカが集落に誘引されないよう、シカのエサとなる集落周辺の草類を刈り払う等の対策も重要です。

　サルについても、捕獲による個体数調整に加えて、侵入防止柵の設置や緩衝帯の整備等を実施する必要があります。
　サル用の侵入防止柵としては電気柵が有効ですが、電気柵があっても周囲の樹木から飛び込む場合があるので、樹木の伐採など、柵の周辺整備が必要です。
　また、犬を活用した追い払い等も有効です。

国における野生鳥獣による農林水産業被害防止対策の概要

◎ 鳥獣被害防止対策の基本的な考え方
　　鳥獣による農林水産業等への被害を防止するためには、人と鳥獣の棲み分けが重要であり、「個体数調整」、「生息環境管理」及び「被害の防除」を総合的に行うことが必要
◎ 国における鳥獣被害防止対策の推進体制
　　中央段階に「関係省庁連絡会議」、地域ブロック段階に「野生鳥獣対策連絡協議会」を設置することにより、推進体制を整備
◎ 国における鳥獣被害防止対策の取組内容
　　関係省庁が連携し、各地域での被害防止に向けた主体的な取組に対する各種支援等を実施

◎鳥獣被害防止対策の基本的な考え方

人と鳥獣の棲み分けが重要

鳥獣が里に出没する背景
・里山の環境や生活様式等の変化
・個体数の増加や行動域の拡大
・被害対策についての知識等が不十分

【個体数調整】
・県の計画に基づく個体数管理
・有害捕獲及び狩猟による捕獲
・分布域等の把握　等

総合的な取組

【生息環境管理】
・居住地周辺の里地里山の整備活動の推進（鳥獣の隠れ場所となる藪などの刈払い等）
・生息環境にも配慮した森林の整備及び保全活動の推進

【被害の防除】
・鳥獣を引き寄せない取組の推進（未収穫果実の除去や耕作放棄地の解消等）
・農耕地等への侵入防止（侵入防止柵の設置や追い払い体制の整備等）

農林水産省生産局資料より

(第4条関係)

Q11 鳥獣は市町村の境界に関係なく移動するので、被害防止計画は市町村単位ではなく、より広い範囲で作成すべきではないでしょうか。

A

　鳥獣は自然界で自由に行動することから、近接する複数の市町村が連携して、広域的に対策を実施することが効果的であると考えています。

　このため、市町村は、必要に応じて、地域の状況を踏まえ、複数の市町村が相互に連携して被害防止計画を共同して作成することが望ましいと考えます。

　なお、被害防止計画は、都道府県の区域を越えて、複数の市町村が共同して作成することも可能です。

(第4条関係)

> **Q12** 被害防止計画と鳥獣保護事業計画等との整合性は、どのようにして図られるのですか。

A

　鳥獣被害防止特措法においては、市町村が作成する被害防止計画は、都道府県が鳥獣保護法に基づき作成する鳥獣保護事業計画等と整合性の取れたものでなければならないとされています。

　農林水産大臣が定める被害防止施策の基本指針に基づき、市町村は、都道府県における鳥獣の生息状況や、都道府県が実施する鳥獣の保護管理対策の実施状況について、十分留意して被害防止計画を作成し、都道府県知事に協議を行うこととなるので、鳥獣保護事業計画等との整合性は担保されると考えています。

(第4条関係)

Q13 被害防止計画の公表は、どのような方法で行えばよいのですか。

A

　被害防止計画の公表は、市町村の公報への掲載によるほか、市町村の事務所の掲示板への掲示、市町村の広報誌への掲載、市町村のホームページへの掲載等の方法が考えられます。

　なお、被害防止計画に鳥獣の捕獲許可権限の委譲事項を記載する場合は、市町村の公報への掲載等により、被害防止計画を公告することが必要です。

(第4条・第5条関係)

Q14 鳥獣被害対策についての情報が少ない市町村では、被害防止計画を作成するのは大変だと考えますが、都道府県からどのような援助が受けられるのでしょうか。

A

　市町村が被害防止計画を作成するに当たっては、都道府県知事に対し、鳥獣の生息状況及び生息環境等に関する情報の提供、被害防止対策に関する技術的助言等を求めることができます。

(第4条・第6条関係)

Q15 被害防止計画を作成した場合、都道府県に代わって市町村自ら、被害防止のために鳥獣の捕獲を許可できることとされていますが、具体的な手続きについて教えてください。

A

　鳥獣被害防止特措法に基づいて市町村が作成する被害防止計画には、鳥獣保護法によって原則として都道府県知事が有している鳥獣の捕獲許可権限の委譲について記載することができます。

　被害防止計画に当該権限委譲事項を記載しようとする場合は、事前に都道府県知事に協議し、権限委譲事項の記載について同意を得ることが必要です。

　また、被害防止計画に鳥獣の捕獲許可権限の委譲事項を記載する場合は、市町村の公報への掲載等により、被害防止計画を公告することが必要です。

(第4条・第6条関係)

Q16 すでに都道府県条例により、捕獲許可権限を委譲されている市町村についても、改めて本法に基づく捕獲許可権限の委譲手続きが必要なのでしょうか。

A

　鳥獣保護法によって原則として都道府県知事が有している鳥獣の捕獲許可権限については、都道府県の条例により、すでに市町村長に委譲されている場合があります。

　この場合は、改めて、被害防止計画に捕獲許可権限委譲事項を記載する必要はありません。

　なお、都道府県の条例によって農林水産業の被害防止を目的とする鳥獣の捕獲許可権限のみの委譲を受けており、新たに、生活環境被害の防止または特定計画に基づく数の調整を目的とする許可権限についても委譲を受けたい場合は、被害防止計画において当該事項を記載し、都道府県知事の同意を得る必要があります。

(第 7 条関係)

Q17 市町村だけでなく、都道府県においても、鳥獣被害対策のための計画づくりを進めるべきと考えますが、この点についていかがお考えですか。

A

　鳥獣による農林水産業等に関する被害の防止を効果的に行うためには、鳥獣の生態や生息状況等の科学的な知見に基づいて、計画的に被害防止対策を進めていくことが必要であり、この場合、鳥獣保護法に基づいて都道府県が作成できることとされている、特定鳥獣保護管理計画制度を有効に活用することが重要です。

　このため、鳥獣被害防止特措法においては、都道府県に対して、被害防止計画の作成状況等を踏まえ、必要に応じて特定鳥獣保護管理計画の作成や変更に努めることを求めています。

(第8条関係)

> **Q18** 被害防止計画を作成した市町村に対する財政上の措置について、具体的に教えてください。

A

　鳥獣被害防止特措法に基づき、被害防止計画を作成した市町村に講じられる財政上の措置としては、
① 　市町村が被害防止計画に基づく被害防止施策を実施する際に必要な経費についての特別交付税措置の拡充
② 　農林水産省等の補助事業による支援措置
等があります。

(第8条関係)

Q19 鳥獣被害対策に関する特別交付税措置の拡充内容について、具体的に教えてください。

A

　鳥獣被害対策については、従来から、市町村が負担した駆除等の経費、広報費、調査・研究費の5割が特別交付税措置されていました。

　20年度からは、鳥獣被害防止特措法に基づく被害防止計画に係る取組について、
① 従来から特別交付税の対象となっていた、わなの購入、防護柵の整備、捕獲鳥獣の買い上げ等に係る経費に加え、
② 従来、対象となっていなかった捕獲鳥獣の処分経費、鳥獣被害対策実施隊の経費等も対象に含め、
これらの経費の8割が措置されることになります。

(第9条関係)

Q20 市町村が設置できるとされている鳥獣被害対策実施隊の隊員の要件について教えてください。

A

　鳥獣被害防止特措法では、市町村は、被害防止計画に基づく捕獲、防護柵の設置等を実施するため、鳥獣被害対策実施隊を設置できることとしています。

　市町村長が、鳥獣被害対策実施隊の隊員を指名または任命する場合には、被害防止対策への積極的な参加が見込まれる者を指名または任命することになります。

　このうち、主として捕獲に従事することが見込まれる隊員(対象鳥獣捕獲員)については、冠婚葬祭などの特段の事情により参加できない場合を除き、市町村長が指示した鳥獣の捕獲に積極的に取り組むことが見込まれる者であって、次の要件を満たすものの中から、市町村長が指名又は任命することになります。

　イ　銃猟による捕獲等を期待される対象鳥獣捕獲員(第一種銃猟免許又は第二種銃猟免許の所持者に限る。)にあっては、過去3年間に連続して狩猟者登録を行っており、対象鳥獣の捕獲等を適正かつ効果的に行うことができる者であること

　ロ　網、わなによる捕獲等を期待される対象鳥獣捕獲員(網猟免許又はわな猟免許の所持者に限る。)にあっては、対象鳥獣の捕獲等を適正かつ効果的に行うことができる者であること。なお、鳥獣被害対策実施隊において、対象鳥獣捕獲員が実施する捕獲の補助業務に従事する者については、イ又はロの要件にかかわらず、例えば農業協同組合、農業共済団体、森林組合、漁業協同組合の職員等の中から、被害防止対策への積極的な参加が見込まれる者を市町村長が指名又は任命することができます。

(第9条関係)

> **Q21** 同一の人物が、複数の市町村の鳥獣被害対策実施隊の隊員となることは可能なのでしょうか。

A

複数の市町村における対象鳥獣捕獲員を兼ねることも可能です。

ただし、当該市町村の被害防止活動に支障がないよう適切な配慮を行う等、関係者間で十分調整することが必要です。

また、一般職の職員である隊員については、職務専念義務や営利企業等の従事制限に抵触しないよう、必要に応じ職務専念義務の免除や、他団体で報酬を得ることについての許可を受ける手続が必要です。

(第9条関係)

Q22 鳥獣被害対策実施隊に対する支援措置について教えてください。

A

　鳥獣被害対策実施隊の活動に係る経費については、20年度から、その経費の8割が特別交付税措置されることになります。

　また、鳥獣被害対策実施隊の隊員のうち民間の隊員については非常勤の公務員となり、被害対策上の災害に対する補償を受けることができます。

　さらに、隊員のうち主として捕獲に従事することが見込まれる者(対象鳥獣捕獲員)については、狩猟税が通常の2分の1に軽減されます。

　なお、国においては、農林水産省の補助事業により、各地域における被害防止体制の整備を推進するため、
① 狩猟免許取得講習会への参加
② 市町村による箱わな等の捕獲機材の導入
等を支援しています。

(第9条関係)

Q23 対象鳥獣捕獲員が狩猟税の軽減措置を受けるためには、どのような手続きが必要でしょうか。

A

　対象鳥獣捕獲員に指名または任命された方が、狩猟税の軽減措置を受けるためには、都道府県に狩猟者登録を行う際に、市町村長が発行する対象鳥獣捕獲員であることを証する証明書を添えて、登録申請書を提出し、対象鳥獣捕獲員としての狩猟者登録を受ける必要があります。

(第9条関係)

> **Q24** 非常勤の鳥獣被害対策実施隊員の報酬や補償措置はどのようにすればよいでしょうか。

A

　鳥獣被害対策実施隊員のうち民間の隊員については、被害対策上の災害に対する補償がなされるよう、消防団制度を参考として、非常勤の公務員とされています。
　非常勤の鳥獣被害対策実施隊員の報酬及び補償措置については、市町村において条例で定めていただくことになります。

　このうち、被害対策実施隊の隊員に対する報酬については、例えば、被害対策実施時の報酬の支払いなど、各市町村において判断していただくことになります。ただし、市町村の職員のうちから市町村長が指名した隊員に対しては、報酬の支給はできません。

【参考】

○地方自治法（昭和22年4月17日法律第67号）
第203条 普通地方公共団体は、…その他普通地方公共団体の非常勤の職員（短時間勤務職員を除く。）に対し、報酬を支給しなければならない。
2　前項の職員の中議会の議員以外の者に対する報酬は、その勤務日数に応じてこれを支給する。但し、条例で特別の定をした場合は、この限りでない。
3　第1項の者は、職務を行うため要する費用の弁償を受けることができる。
4　（略）
5　報酬、費用弁償及び期末手当の額並びにその支給方法は、条例でこれを定めなければならない。

○地方公務員災害補償法（昭和42年8月1日法律第121号）
（非常勤の地方公務員等に係る補償の制度）
第69条　地方公共団体は、条例で、職員以外の地方公務員（特定地方独立行政法人の役員を除く。）のうち法律（労働基準法を除く。）による公務上の災害又は通勤による災害に対する補償の制度が定められていないものに対する補償の制度を定めなければならない。
2　（略）
3　第1項の条例で定める補償の制度及び前項の地方独立行政法人が定める補償の制度は、この法律及び労働者災害補償保険法で定める補償の制度と均衡を失したものであつてはならない。

(第9条関係)

Q25 従来から有害鳥獣捕獲隊等を組織してきた市町村は、全て、鳥獣被害対策実施隊に移行する必要があるのですか。

A

　鳥獣被害防止特措法に基づく鳥獣被害対策実施隊を設置するかどうかは、各市町村の判断によりますので、現在の体制で被害対策を適切に実施できると判断されるのであれば、必ずしも、既存の有害鳥獣捕獲隊等を鳥獣被害対策実施隊に移行させる必要はありません。

　ただし、鳥獣被害防止特措法に基づく鳥獣被害対策実施隊を設置しない場合は、鳥獣被害対策実施隊の活動経費に係る特別交付税措置を受けることができず、また、狩猟税の減免措置は講じられません。

　このため、従来から有害鳥獣捕獲隊等を組織してきた市町村においても、できる限り、鳥獣被害防止特措法に基づく鳥獣被害対策実施隊に移行していただくのが望ましいと考えています。

(第10条関係)

Q26 捕獲した鳥獣を処理する方法としては、どのようなものがありますか。

A

捕獲した鳥獣については、山野に放置しない等適切に処理を行う必要があります。

このため、
① 食肉等としての利活用
② 適切な処理施設における焼却
③ 生態系に影響を与えない適切な方法での捕獲現場での埋設
等によって処理されています。

野生鳥獣を地域資源として活用している事例
(平成19年4月現在)

番号	所在地	施設名	獣種	開設年月
1	北海道中標津町	久万田産業(株)	エゾシカ	H10.12
2	北海道白糠町	(株)馬木葉産業食肉処理場	エゾシカ	H14.4
3	北海道釧路市	(有)阿寒グリーンファーム食肉加工センター	エゾシカ	H17.1
4	北海道斜里町	(有)知床ジャニー	エゾシカ	H16.12
5	北海道根室市	(有)ユック食肉処理加工施設	エゾシカ	H17.10
6	北海道野付郡別海町	E-DEER プロハンター	エゾシカ・ヒグマ	S58.10
7	北海道河東郡上士幌町	タカの巣農林	エゾシカ	H12.9
8	岩手県大船渡市	農畜産物加工処理施設	シカ	H元.1
9	群馬県吾妻郡中之条町	あがしし君工房	イノシシ	H19.3
10	群馬県みどり市	黒川ハム生産加工組合	イノシシ・シカ	H11.4
11	千葉県夷隅郡大多喜町	大多喜町都市農村交流施設	イノシシ	H18.6
12	東京都奥多摩町	奥多摩町食肉処理加工施設 (森林恵工房 峰(もりのめぐみこうぼう みね))	シカ	H18.5
13	長野県大鹿村	ヘルシーミート大鹿	シカ	H15.10
14	兵庫県丹波市	鹿肉加工施設	イノシシ	H18.10
15	鳥取県東伯郡三朝町	イノシシ解体処理施設	イノシシ	H15.12
16	鳥取県鳥取市鹿野町	イノシシ解体処理施設	イノシシ	H17.3
17	島根県邑智郡邑南町	はすみ特産加工センター猪肉加工場	イノシシ	H7.4
18	島根県邑智郡美郷町	邑智食肉処理加工場 (おおち山くじら)	イノシシ	H16.6
19	島根県益田市美都町	美都猪処理場	イノシシ	H13.10
20	岡山県苫田郡鏡野町	イノシシ牧場	イノシシ	H8.10
21	岡山県新見市	新見市大佐猪解体処理施設	イノシシ	H17.1
22	広島県呉市倉橋町	イノシシ解体処理簡易施設	イノシシ	H15.5
23	広島県呉市川尻町	いのしし処理センター	イノシシ	H16.3
24	山口県萩市	うり坊の郷 katamata	イノシシ	H13.5
25	香川県東かがわ市	五色の里	イノシシ	H17.12
26	高知県四万十市	しまんとのもり組合鳥獣解体場	イノシシ	H16.2
27	長崎県北松浦郡江迎町	有害鳥獣有効利用施設 (いのしし肉加工販売所ヘルシーBOAR)	イノシシ	H15.4
28	長崎県南松浦郡新上五島町	有害鳥獣有効利用施設	イノシシ	H19.4
29	長崎県対馬市美津島町	ディアー・カンパニー	イノシシ	H18.10
30	長崎県松浦市	イノシシ加工所不老の森	イノシシ	H18.10
31	長崎県長崎市	イノシシ等処理加工所	イノシシ	H18.5
32	熊本県球磨郡多良木町	取引市場猪市場処理センター加工工場	イノシシ・シカ	H6.6
33	熊本県天草市御所浦町	山王館	イノシシ	H17.5

※ 農林水産省調べ
※ 都道府県から報告のあった野生鳥獣の処理加工施設を取りまとめたものであり、すべてを網羅したものではない。

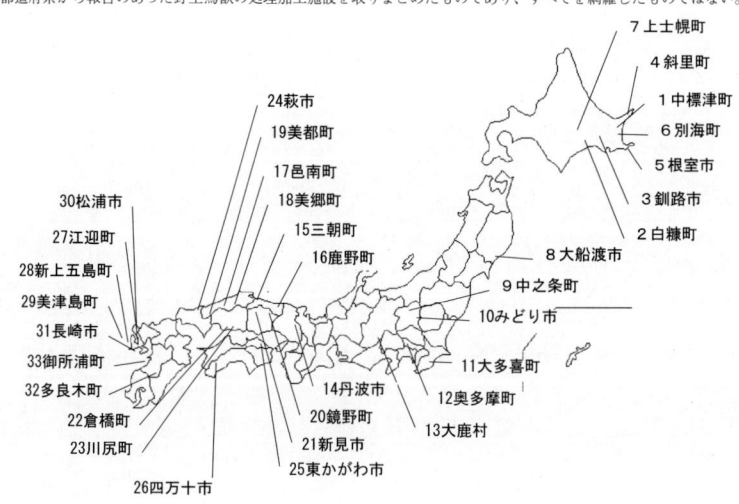

(第10条関係)

Q27 捕獲鳥獣の処分に対する支援措置にはどのようなものがありますか。

A

　捕獲した鳥獣の処分経費については、鳥獣被害防止特措法に基づく被害防止計画による取組の場合は、20年度から、処分に要した経費の8割が特別交付税措置されます。

　また、国においては、農林水産省の補助事業により、捕獲した鳥獣の肉等を処理加工するための施設整備を支援しています。

(第10条関係)

Q28 鳥獣の肉を活用するに当たって、食品衛生の観点からどのような規制があるのでしょうか。

A

野生鳥獣の肉を食べる場合には、
① 食肉の処理に当たっては、消化器官内の残留物（未消化物や糞便等）が食肉を汚染しないよう処理する等衛生的に取り扱うこと
② 寄生虫症や人獣共通感染症等の感染防止の観点から、生食を避け、十分に加熱すること
等について留意する必要があります。

また、野生鳥獣を食肉として流通させようとする場合は、食品衛生法に基づき、
① 施設については、都道府県等により条例で定められた施設基準に適合する旨の食肉処理業の許可を受けること
② 食肉の処理に当たっては、厚生労働省が定める食肉の調理・保存基準のほか、条例で定められた管理運営基準に適合していること
が必要です。

なお、個別具体的な事例については、保健所に相談して、対応してください。

(第11条関係)

Q29 鳥獣被害防止特措法第11条では、農林水産大臣は、この法律の目的を達成するため必要があると認めるときは、環境大臣、文部科学大臣に意見を述べることが出来るとされていますが、具体的にどのような事項を想定されているのでしょうか。

A

　鳥獣被害防止特措法では、農林水産大臣は、鳥獣による農林水産業等の被害を防止するため必要があると認めるときは、環境大臣または文部科学大臣に対して意見を述べることができるとされています。

　このことについて、現時点では具体的な事例は想定しておりませんが、農林水産省による鳥獣被害対策の実施については、従来より、
① 環境省とは、鳥獣の個体数管理を含む被害防止の観点から、
② 文部科学省（文化庁）とは、特別天然記念物のカモシカによる被害防止の観点から、
それぞれ連携して、対策に取り組んできたところであり、今後、より一層、連携を深める必要があると考えています。

(第12条関係)

Q30 鳥獣被害対策を円滑に実施するためには、国、都道府県の関係部局の連携が重要と考えますが、この点についていかがお考えでしょうか。

A

　鳥獣による農林水産業等に係る被害を防止するためには、農林水産業の振興の観点のみならず、農山漁村の住民の安心、安全の確保、鳥獣の保護管理等総合的な観点から対策を講じることが必要であると考えています。

　このため、国、都道府県等においては、農林水産業及び農山漁村の振興に関する業務を担当する部局と鳥獣の保護及び管理に関する業務を担当する部局等が緊密に連携して、被害防止対策を実施すべきと考えています。

(第12条関係)

Q31 鳥獣被害対策を実施するためには、市町村だけでなく、農林漁業団体等の関係団体との連携が重要と考えますが、この点についていかがお考えでしょうか。

A

　鳥獣による農林水産業等に係る被害を防止するためには、市町村を中心として、当該地域の農林漁業団体、猟友会との緊密な連携協力の下、地域が一体となって対策に取り組むことが重要であると考えています。

　このため、地方公共団体は、農林漁業団体、猟友会、都道府県の普及指導機関等の関係機関で構成する被害防止対策協議会の組織化を推進するなど、農林漁業団体等と連携して、被害防止対策を推進する必要があると考えます。

　また、農林漁業団体等においても、自主的に被害防止対策に取り組むとともに、国及び地方公共団体が講じる被害防止対策に積極的に協力していただきたいと考えています。

(第13条関係)

Q32 被害の状況や鳥獣の生息状況等を把握するために、具体的にどう取り組んでいくのでしょうか。

A

　被害防止対策を効果的、効率的に実施するためには、鳥獣の生息数や鳥獣による農林水産業等に係る被害を適確に把握することが重要です。

　鳥獣の生息状況については、国、都道府県等において、生息環境、生息密度、捕獲数、繁殖率等のデータを種別、地域別に把握する等の取組を推進していきます。

　また、鳥獣による被害状況については、国及び都道府県は、市町村における鳥獣による被害状況の把握に際して、従来から行われている農林漁業者からの報告に基づく被害把握に加え、農林漁業団体や猟友会等の関係団体からの聞き取りや現場確認を推進すること等により、被害状況を適確に把握する取組を推進します。

(第13条関係)

Q33 鳥獣被害防止特措法第13条で、国及び地方公共団体が行うこととされている鳥獣の生息状況等の調査は、市町村が単独で実施することは難しいと考えますが、この点についていかがお考えでしょうか。

A

　御指摘のとおり、市町村が独自に、鳥獣の生息状況等を把握することは困難な場合があると考えます。

　鳥獣被害防止特措法第13条で、国及び地方公共団体が行うこととされている鳥獣の生息状況等の調査については、Q32でお答えしているように、国、都道府県において、適確な把握のための取組を推進することとしておりますので、市町村においては、国、都道府県の実施する調査に積極的に御協力いただくことにより、鳥獣の生息状況等の把握に努めていただきたいと考えます。

(第14条関係)

Q34 鳥獣被害対策を実施するに当たっては、まず、被害原因の究明を進めることが重要と考えますが、この点についていかがお考えでしょうか。

A

　近年、中山間地域を中心に、野生鳥獣による農作物被害が深刻化・広域化している原因としては、
① 　近年の少雪傾向等による、鳥獣の生息適地の拡大
② 　農山漁村の過疎化、高齢化の進行による耕作放棄地の増加
③ 　狩猟者の減少、高齢化等により、狩猟による捕獲圧力が低下したこと
などの様々な要因が複合的に関係していると考えられます。

　このため、被害防止対策の実施に当たっては、鳥獣による被害状況、鳥獣の生息状況等の適確な把握や被害の原因分析等を行い、取り組むべき課題を明らかにすることが重要であると考えております。

(第14条関係)

Q35 鳥獣被害対策の新技術など、研究開発を進めることが必要と考えますが、この点についていかがお考えでしょうか。

A

　被害防止対策の実効性を上げるためには、鳥獣の生態や行動特性に基づく総合的な被害防止技術を、各地域の被害の実情に合わせて構築していくことが必要です。

　このため、国及び都道府県は、効果的な捕獲技術、防除技術、生息数推計手法等の研究開発を推進するとともに、研究成果を活用した被害防止対策マニュアルの作成や普及指導員の活用等により、被害防止技術の迅速かつ適切な普及を推進することとしています。

(第15条関係)

Q36 市町村において、鳥獣被害対策に関する人材育成を進めることが重要と考えますが、この点についていかがお考えでしょうか。

A

　鳥獣の種類や被害の状況等を踏まえつつ、地域条件に応じた被害防止対策を効果的に行うためには、被害防止対策に携わる者が鳥獣の習性、被害防止技術、鳥獣の生息環境管理等について専門的な知識経験を有していることが重要です。

　このため、国及び地方公共団体においては、研修の機会の確保、被害防止に係る各種技術的指導者の育成その他の被害防止対策に携わる者の資質の向上や要員の確保を図るために必要な取組を推進することとしています。

　なお、技術的指導者については、普及指導員をはじめ、農業協同組合の営農指導員、森林組合職員、漁業協同組合職員、農業共済団体職員、猟友会員等の積極的な活用を図ることとしています。

(第16条関係)

Q37 狩猟免許等に関する手続き的な負担の軽減とは、具体的に、どのようなことを想定しているのでしょうか。

A

　狩猟は、鳥獣の個体数管理に重要な役割を果たす一方で、狩猟者の減少及び高齢化の進行等のため、狩猟者の確保が課題となっています。

　このため、都道府県においては、狩猟者の確保に資するよう、狩猟免許等に係る手続の迅速化、狩猟免許試験や更新時講習会の休日開催や複数回開催等、狩猟免許等に係る手続的な負担の軽減を図るための取組を推進していただきたいと考えています。

(第17条関係)

Q38

鳥獣被害対策は、農林漁業者等の関係者だけでなく、国民全体の理解と関心を深める必要があると考えますが、この点についていかがお考えでしょうか。

A

　被害防止対策の実施に当たっては、農林漁業者のみならず、国民全体に、鳥獣の習性、被害防止技術、鳥獣の生息環境管理等に関する正しい知識の普及や、被害の現状及び原因についての理解の浸透を図ることが重要です。

　このため、国及び地方公共団体は、関係機関やＮＰＯ等とも連携を図りつつ、鳥獣による農林水産業及び農山漁村生活さらに生態系等に関する被害の実態についての情報提供や、鳥獣への安易な餌付けを実施しない等、人と鳥獣の適切な関係の構築に関する理解を深めるための取組を推進することとしています。

　なお、これらの取組を推進するに当たっては、被害防止対策は、科学的知見に基づいて実施するものであり、特に捕獲による個体数管理については、農林水産業等に係る被害の防止や農山漁村生活における安心・安全だけでなく、生態系保全の観点からも重要であることについて、国民の理解を得られるよう、情報提供を行うことが必要であると考えています。

(第18条関係)

Q39
鳥獣被害の防止は重要ですが、一方で、人と鳥獣との共存を図るために、鳥獣の生息環境の整備等を実施すべきではないでしょうか。

A

　被害防止対策を実施するに当たっては、人と鳥獣の棲分けを進めるほか、鳥獣の生息環境の整備及び保全を進めることが重要です。

　このため、国及び地方公共団体は、鳥獣との共存に配慮し、地域の特性に応じ、間伐や広葉樹林の育成等による多様で健全な森林の整備・保全、鳥獣保護区の適切な管理その他の鳥獣の良好な生息環境の整備及び保全に資する取組を進めることとしています。

(第19条関係)

Q40
鳥獣被害防止特措法には、被害防止施策を講ずるに当たり、生物の多様性の確保等に留意することが明記されていますが、具体的な留意点を教えてください。

A

　近年、イノシシ、ニホンジカ、ニホンザル等の生息分布域の拡大等により、鳥獣による農林水産業等に係る被害が全国的に深刻化している一方で、ツキノワグマ等、地域的に個体数が著しく減少している鳥獣が存在します。

　このため、国及び地方公共団体は、被害防止対策を講ずるに当たって、健全な生態系の維持を通じた生物の多様性の確保に留意するとともに、都道府県によっては生息数が著しく減少している鳥獣や、単独の市町村や都道府県のみでは適切な保護が困難な鳥獣であって、捕獲等を進めることにより絶滅のおそれがある鳥獣等については、当該鳥獣の特性を考慮し、鳥獣の良好な生息環境の整備、保全等を推進することとしています。

(第20条関係)

Q41 鳥獣被害防止特措法に、鳥獣の被害防止施策と相まって、農林漁業の振興や農山漁村の活性化を図ることを明記した意図を教えてください。

A

　鳥獣による農林水産業等に関する被害が近年拡大している一つの要因として、農山漁村の高齢化・過疎化、農林水産物の価格低迷、輸入農林水産物の増大などによって、耕作放棄地や休耕地が増加し、また、森林の荒廃化が進んでいることなどが挙げられています。

　このため、鳥獣被害防止特措法では、国及び地方公共団体が、鳥獣の被害防止施策と相まって、農林漁業の振興や農山漁村の活性化を図ることにより、活力ある農山漁村地域の実現を目指すことを明記しています。

（他の法律関係）

Q42 鳥獣被害対策に自衛隊の協力を要請できるようになると聞きましたが、どうなったか教えてください。

A

　自衛隊は、鳥獣被害防止特措法に基づく被害防止対策として、市町村から土木工事について委託の申出があった場合、自衛隊法第100条に基づき、自衛隊の訓練の目的に適合する場合などの一定の要件を満たせば、協力を実施することとしています。

　具体的には、鳥獣被害防止特措法に基づく侵入防止柵の設置（例：侵入防止柵の設置に先立ち建設機械を用いる比較的大きな造成工事等が必要になる場合）に係る工事や、緩衝帯の設置（例：建設機械を用いて緩衝帯を整備する場合）については、「土木工事」として受託することが可能です。

【参考】

○自衛隊法（昭和29年6月9日法律第165号）
第100条　防衛大臣は、自衛隊の訓練の目的に適合する場合には、国、地方公共団体その他政令で定めるものの土木工事、通信工事その他政令で定める事業の施行の委託を受け、及びこれを実施することができる。
2　（略）

（他の法律関係）

> **Q43** 市町村の職員の有害鳥獣駆除目的でのライフル銃の所持について教えてください。

A

　有害鳥獣駆除の目的でライフル銃を所持しようとする場合、銃砲刀剣類所持等取締法（以下「銃刀法」という。）の規定により、
① ライフル銃による獣類の捕獲を職業とする者
② 事業に対する被害を防止するためライフル銃による獣類の捕獲を必要とする者
③ 継続して10年以上猟銃の所持許可を受けている者
のいずれかに該当することが必要です。

　市町村が、農林漁業者からの依頼を受けるなどして、農林水産業に係る被害を防止し、農林水産業を維持するため、鳥獣保護法に基づく鳥獣の捕獲を行う場合であって、当該市町村が、その職員にライフル銃を所持させて、これに従事させる必要があると認められるときは、当該市町村の職員は、常勤・非常勤を問わず、②の「事業に対する被害を防止するためライフル銃による獣類の捕獲を必要とする者」に当たり、銃刀法に基づくライフル銃の所持許可の対象となり得ます。

　なお、鳥獣被害防止特措法に基づく鳥獣被害対策実施隊の隊員は、
・市町村長が市町村職員から指名する者
・民間の方から市町村長が任命する者（非常勤の市町村職員）
のいずれかで構成されるため、②の「事業に対する被害を防止するためライフル銃による獣類の捕獲を必要とする者」として、ライフル銃の所持許可の対象となり得ます。

【参考】

○銃砲刀剣類所持等取締法（昭和33年3月10日法律第6号）
第5条の2 　（略）
2 　（略）
3 　（略）
4 　都道府県公安委員会は、第4条第1項第1号の規定による許可の申請に係る猟銃がライフル銃（銃腔に腔旋を有する猟銃で腔旋を有する部分が銃腔の長さの半分をこえるものをいう。以下同じ。）である場合には、当該ライフル銃の所持の許可を受けようとする者が次の各号のいずれかに該当する者でなければ、許可をしてはならない。
　一　狩猟又は有害鳥獣駆除の用途に供するためライフル銃を所持しようとする者にあつては、ライフル銃による獣類の捕獲（殺傷を含む。以下同じ。）を職業とする者、事業に対する被害を防止するためライフル銃による獣類の捕獲を必要とする者又は継続して10年以上第4条第1項第1号の規定による猟銃の所持の許可を受けている者
　二　（略）
5 　（略）

コラム
被害対策の考え方と防護柵設置のポイント
小寺祐二氏（長崎県鳥獣対策専門員　農学博士）

1．被害対策の基本的な考え方

　対象とする動物種に限らず、執りうる農作物被害対策は次の4つしかありません。それは「進入防止柵の設置と環境整備」、「被害を受けない作物への転換」、「個体数管理」、「被害が出る地域からの撤退」です。重要なことは、対象種の特徴に合わせて実施する対策の優先順位と組み合わせを変えることです。これを誤ると効果的な被害対策にはなりません。

　例えば、イノシシによる農作物被害に対しては、進入防止柵の設置と環境整備の実施が最も重要です（図1）。その上で、農地に接近する群れを集中的に捕獲すると農作物被害防止効果が上がります。個体数管理は生態系保全のために重要な作業です。しかし、繁殖能力が非常に強い一方で生態系被害がこれまで報告されていないイノシシでは、個体数管理のみに頼った農作物被害対策を行うと、労力や資金を無駄に消耗する危険が生じます。一方、シカの場合には個体数管理の実施と合わせて進入防止柵の設置と環境整備を行うことが重要です。これは、シカの高密度生息域で生態系被害が報告されているためです（図2）。

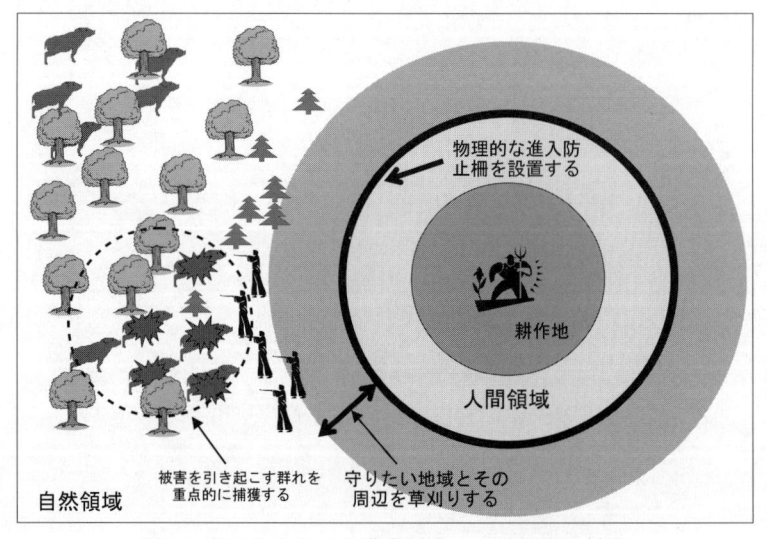

図1　イノシシによる農業被害への理想的な対策

2．進入防止柵の設置と環境整備

　資材の種類に依らず、進入防止柵は環境整備（草刈り）と組み合わせることで高い効果を発揮します。柵の外側に藪が繁茂している場合、安全な状況下で動物が柵を学習でき、内部に進入する機会を与えます。また、柵の内側に藪がある場合、動物を柵内に囲い込む危険が生じてしまいます。柵設置時に動物を追い出したとしても、動物が柵内側の藪を安全地帯と認識することで、進入される危険が高くなります。さらに、藪の存在によって内部に進入した動物の発見も遅れます。従って、柵内部の動物の隠れ場所を除去すると同時に、外側では動物の体が藪から完全に露呈する程度の草刈りが最低限必要です。

　進入防止柵の設置においてよくある失敗が、耕作地の出入り口や道路、河川に面した部分で柵が途切れており、進入防止効果が得られていない事例です。こうした箇所でも、扉を付けるなど進入されない様にする工夫が必要です。また、斜面地や用水路沿いに柵を設置する場合にも注意が必要です。

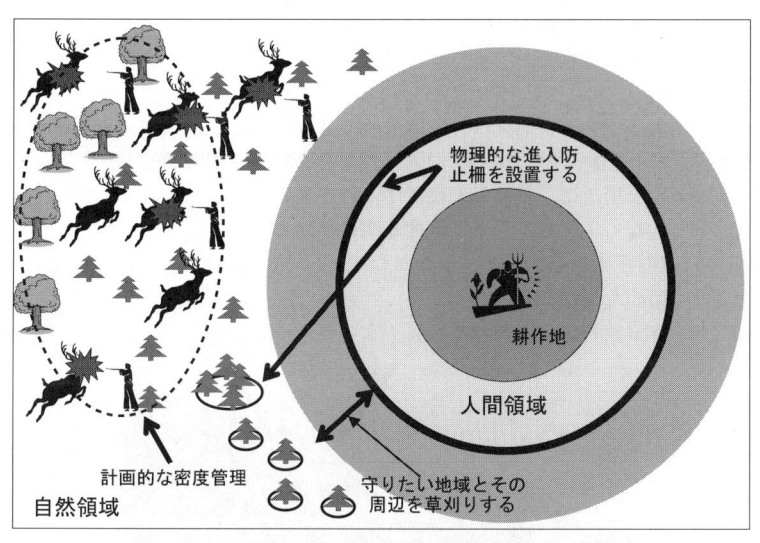

図2　理想的なシカ対策
シカによる農作物被害を減少させるために実施すべき対策

コラム

箱わな（檻）によるイノシシ捕獲
栃木県足利市　須永重夫氏
（イノシシ捕獲名人、農林水産省野生鳥獣被害対策アドバイザー）

　私は長年、銃による狩猟を行ってきましたが、イノシシの捕獲は銃より箱わな（檻）の方が効果的で、かつ安全であることから、長年の狩猟経験で得たイノシシの習性を利用して、箱わなによる捕獲に取り組んでいます。

　毎年100頭以上のイノシシを捕獲し、大きいものでは160kg級の大物や、一度に8頭を捕獲したこともあります。平成18年度は、320頭を捕獲しました。

　なお、わなでの捕獲は、サルやシカでも応用が可能です。

1　箱わなによるイノシシ捕獲のポイント
　箱わなによってイノシシを捕獲するためには、
　①　設置場所
　②　おいしいエサを置く
ことがポイントです。

2　設置場所
　箱わなによるイノシシ捕獲は、設置場所で8割方、その成果が決まります。田畑で被害があったからといって、田畑にわなをかけても捕れません。

　以下のような場所に、箱わなを設置するのがよいでしょう。
　①　暗くもなく、明るくもなく適度な明るさがある
　（日中に直射日光が当たらず、かつ、うっ閉していない）
　②　近くにぬた場がある
　③　人家等構造物からあまり離れていない

捕獲現場まで組み立てる前の箱わなを運ぶ様子
撮影者：須永重夫

（イノシシは毎日のように構造物を見ているので箱わなへの警戒を緩める）

　適切な場所にさえ設置すれば、同じ箇所に設置した箱わなで複数回、イノシシを捕獲することも可能です。

　なお、設置後は、箱わなの底の金属が見えないように土で覆ってください。板や鉄板など足が滑る所にはイノシシは入りません。土が見えるほうが安心して箱わなに入ってきます。

3　おいしいエサを置く

　餌は米ぬかを主体に、米、小麦、おから、さつまいも、りんご、酒粕、ワインなどを使用し、箱わな内の両サイドにたっぷりと置くとよいでしょう。（さつまいも、りんごは細かく刻んで置いてください。）

　この際、餌が直接見えることによって他の動物に食べられないよう、米ぬかで覆うのもポイントです。イノシシは鼻が良いので、エサが直接見えなくても大丈夫です。

　この際、箱わなの外に誘導するためのエサは置かないでください。イノシシが外のエサだけを食べて、箱わなの中のエサを食べなくなります。

　また、雨で餌が濡れないように箱わなの上にダンボール等を置くと、これらの異物にイノシシが警戒して箱わなに入ってこなくなるので注意してください。

4　地域の協力

　箱わなの設置、見回り、捕獲後の処分などの多くの工程を狩猟者だけで行うのは難しい面があり、無理しても長続きしません。

　また、被害対策はイノシシの捕獲だけでは不十分で、農家や住民の皆さんがイノシシを近寄せないための柵や周辺の藪の管理をきちんとすることも必要です。

　被害に遭われている農家や住民の皆さん、自治会、農協、市町村などがそれぞれの立場で一体となって連携していくことによって、地域の被害を着実に減らすことが出来ます。

一度に4頭のイノシシが捕獲されている
撮影者：須永重夫

連絡先
　〒326-0802　栃木県足利市旭町850
　TEL：0284-41-2274
　FAX：0284-41-2240

第2編　関係法令等

○鳥獣による農林水産業等に係る被害の防止のための特別措置に関する法律

〔平成19年12月21日
　法　律　第　134　号〕

（目的）
第１条　この法律は、農山漁村地域において鳥獣による農林水産業等に係る被害が深刻な状況にあり、これに対処することが緊急の課題となっていることにかんがみ、農林水産大臣による基本指針の策定、市町村による被害防止計画の作成及びこれに基づく特別の措置等について定めることにより、鳥獣による農林水産業等に係る被害の防止のための施策を総合的かつ効果的に推進し、もって農林水産業の発展及び農山漁村地域の振興に寄与することを目的とする。
（定義）
第２条　この法律において「鳥獣」とは、鳥類又は哺乳類に属する野生動物をいう。
２　この法律において「農林水産業等に係る被害」とは、農林水産業に係る被害及び農林水産業に従事する者等の生命又は身体に係る被害その他の生活環境に係る被害をいう。
（基本指針）
第３条　農林水産大臣は、鳥獣による農林水産業等に係る被害を防止するための施策（以下「被害防止施策」という。）を総合的かつ効果的に実施するための基本的な指針（以下「基本指針」という。）を定めるものとする。
２　基本指針においては、次に掲げる事項を定めるものとする。
　(1)　被害防止施策の実施に関する基本的な事項
　(2)　次条第１項に規定する被害防止計画に関する事項
　(3)　その他被害防止施策を総合的かつ効果的に実施するために必要な事項
３　基本指針は、鳥獣の保護及び狩猟の適正化に関する法律（平成14年法律第88号。以下「鳥獣保護法」という。）第３条第１項に規定する基本指針と整合性のとれたものでなければならない。
４　農林水産大臣は、基本指針を定め、又はこれを変更しようとするときは、あらかじめ、環境大臣と協議するものとする。
５　農林水産大臣は、基本指針を定め、又はこれを変更したときは、遅滞なく、これを公表しなければならない。
（被害防止計画）

第4条 市町村は、その区域内で被害防止施策を総合的かつ効果的に実施するため、基本指針に即して、単独で又は共同して、鳥獣による農林水産業等に係る被害を防止するための計画（以下「被害防止計画」という。）を定めることができる。

2 被害防止計画においては、次に掲げる事項を定めるものとする。
  (1) 鳥獣による農林水産業等に係る被害の防止に関する基本的な方針
  (2) 当該市町村の区域内における農林水産業等に係る被害の原因となっている鳥獣であって被害防止計画の対象とするもの（以下「対象鳥獣」という。）の種類
  (3) 被害防止計画の期間
  (4) 対象鳥獣の捕獲等（農林水産業等に係る被害の防止のための対象鳥獣の捕獲等（鳥獣保護法第2条第3項に規定する捕獲等をいう。以下同じ。）又は対象鳥獣である鳥類の卵の採取等（鳥獣保護法第8条に規定する採取等をいう。）をいう。以下同じ。）に関する事項
  (5) 対象鳥獣による農林水産業等に係る被害の防止のための防護柵の設置その他の対象鳥獣の捕獲等以外の被害防止施策に関する事項
  (6) 被害防止施策の実施体制に関する事項
  (7) 捕獲等をした対象鳥獣の処理に関する事項
  (8) その他被害防止施策の実施に関し必要な事項

3 前項第4号の事項には、鳥獣保護法第9条第1項の規定により都道府県知事が行うこととされている対象鳥獣の捕獲等の許可であって第6条第1項の規定により読み替えて適用する鳥獣保護法第9条第1項の規定により被害防止計画を作成した市町村の長が行うことができるものに係る事項（以下「許可権限委譲事項」という。）を記載することができる。

4 被害防止計画は、鳥獣保護事業計画（鳥獣保護法第4条第1項に規定する鳥獣保護事業計画をいう。以下同じ。）（特定鳥獣保護管理計画（鳥獣保護法第7条第1項に規定する特定鳥獣保護管理計画をいう。以下同じ。）が定められている都道府県の区域内の市町村の被害防止計画にあっては、鳥獣保護事業計画及び特定鳥獣保護管理計画）と整合性のとれたものでなければならない。

5 市町村は、被害防止計画を定めようとする場合には、あらかじめ、都道府県知事に協議しなければならない。この場合において、被害防止計画に許可権限委譲事項を記載しようとするときは、当該許可権限委譲事項について都道府県知事の同意を得なければならない。

6 都道府県知事は、被害防止計画が当該市町村の鳥獣による農林水産業等に係

る被害の状況に基づいて作成される必要があり、かつ、当該市町村がその状況を適確に把握することができる立場にあることを踏まえ、前項前段の協議を行うものとする。
7　都道府県知事は、許可権限委譲事項が記載された被害防止計画について第5項前段の協議を受けた場合には、当該都道府県の区域内において当該許可権限委譲事項に係る対象鳥獣の数が著しく減少しているとき、当該許可権限委譲事項に係る対象鳥獣について広域的に保護を行う必要があるときその他の当該都道府県の区域内において当該許可権限委譲事項に係る対象鳥獣の保護を図る上で著しい支障を生じるおそれがあるときを除き、同項後段の同意をしなければならない。
8　市町村は、被害防止計画を定めたときは、遅滞なく、これを公表しなければならない。この場合において、当該被害防止計画に許可権限委譲事項を記載したときは、農林水産省令で定めるところにより、当該許可権限委譲事項を公告しなければならない。
9　第5項から前項までの規定は、被害防止計画の変更について準用する。この場合において、第5項後段中「記載しようとするとき」とあるのは「記載しようとするとき又は当該被害防止計画に記載された許可権限委譲事項を変更しようとするとき」と、第7項中「同項後段」とあるのは「第9項において読み替えて準用する第5項後段」と、前項後段中「記載したとき」とあるのは「記載したとき又は当該被害防止計画に記載された許可権限委譲事項を変更したとき」と読み替えるものとする。
10　被害防止計画を作成した市町村は、毎年度、被害防止計画の実施状況について、都道府県知事に報告しなければならない。
11　市町村は、都道府県知事に対し、被害防止計画の作成及び実施に関し、情報の提供、技術的な助言その他必要な援助を求めることができる。
（市町村に対する援助）
第5条　都道府県知事は、市町村に対し、被害防止計画の作成及び実施に関し、情報の提供、技術的な助言その他必要な援助を行うよう努めなければならない。
（対象鳥獣の捕獲等の許可に係る鳥獣保護法の適用の特例等）
第6条　市町村が許可権限委譲事項が記載されている被害防止計画を作成したときは、第4条第8項後段（同条第9項において読み替えて準用する場合を含む。）の規定による公告の日（次項において「公告の日」という。）から当該被害防止計画の期間が満了する日までの間は、当該被害防止計画を作成した市町村の区域における鳥獣保護法第9条（第10項、第12項及び第14項を除く。）、第10条、

第11条第１項、第13条第１項、第75条第１項、第79条、第83条第１項第２号から第３号まで及び第６号、第84条第１項第１号、第86条第１号及び第２号並びに第87条の規定の適用については、鳥獣保護法第９条第１項中「都道府県知事」とあるのは「都道府県知事（鳥獣による農林水産業等に係る被害の防止のための特別措置に関する法律（平成19年法律第134号。以下「鳥獣被害防止特措法」という。）第４条第１項に規定する被害防止計画に記載されている同条第３項に規定する許可権限委譲事項に係る同条第２項第４号に規定する対象鳥獣の捕獲等をしようとする者にあっては、当該被害防止計画を作成した市町村（以下「計画作成市町村」という。）の長）」と、同条第２項から第９項まで、第11項及び第13項並びに鳥獣保護法第10条、第11条第１項及び第13条第１項の規定中「又は都道府県知事」とあるのは「、都道府県知事又は計画作成市町村の長」と、鳥獣保護法第75条第１項中「又は都道府県知事」とあるのは「若しくは都道府県知事又は計画作成市町村の長」と、「第９条第１項の許可を受けた者」とあるのは「環境大臣又は都道府県知事にあっては第９条第１項の許可を受けた者（鳥獣被害防止特措法第６条第１項の規定により読み替えて適用する第９条第１項の規定により計画作成市町村の長の許可を受けた者を除く。）」と、「猟区設定者に対し」とあるのは「猟区設定者に対し、計画作成市町村の長にあっては鳥獣被害防止特措法第６条第１項の規定により読み替えて適用する第９条第１項の規定により計画作成市町村の長の許可を受けた者に対し」と、鳥獣保護法第79条第１項中「都道府県知事」とあるのは「都道府県知事又は計画作成市町村の長」と、同条第２項中「又は」とあるのは「若しくは」と、「場合」とあるのは「場合又は鳥獣被害防止特措法第６条第１項の規定により読み替えて適用する第９条第１項の規定による許可に係る事務を計画作成市町村が処理する場合」と、「当該市町村」とあるのは「当該市町村又は当該計画作成市町村」と、鳥獣保護法第83条第１項第２号及び第２号の(2)中「第９条第１項」とあるのは「第９条第１項（鳥獣被害防止特措法第６条第１項の規定により読み替えて適用する場合を含む。）」と、「第13条第１項」とあるのは「第13条第１項（鳥獣被害防止特措法第６条第１項の規定により読み替えて適用する場合を含む。）」と、同項第３号中「第10条第１項」とあるのは「第10条第１項（鳥獣被害防止特措法第６条第１項の規定により読み替えて適用する場合を含む。）」と、同項第６号中「第９条第１項」とあるのは「第９条第１項（鳥獣被害防止特措法第６条第１項の規定により読み替えて適用する場合を含む。）」と、鳥獣保護法第84条第１項第１号中「第９条第５項」とあるのは「第９条第５項（鳥獣被害防止特措法第６条第１項の規定により読み替えて適用する場合を含む。）」と、鳥

獣保護法第86条第1号中「第11項」とあるのは「第11項（鳥獣被害防止特措法第6条第1項の規定により読み替えて適用する場合を含む。）」と、同条第2号中「第9条第13項」とあるのは「第9条第13項（鳥獣被害防止特措法第6条第1項の規定により読み替えて適用する場合を含む。）」と、「第75条第1項」とあるのは「第75条第1項（鳥獣被害防止特措法第6条第1項の規定により読み替えて適用する場合を含む。）」と、鳥獣保護法第87条中「第9条第1項」とあるのは「第9条第1項（鳥獣被害防止特措法第6条第1項の規定により読み替えて適用する場合を含む。）」とする。

2 前項の被害防止計画を作成した市町村の区域においては、公告の日前に鳥獣保護法第9条若しくは第10条の規定により都道府県知事が行った許可等の処分その他の行為又は当該公告の日において現に鳥獣保護法第9条の規定により都道府県知事に対して行っている許可等の申請で当該市町村の許可権限委譲事項に係るものは、当該公告の日以後においては、同項の規定により読み替えて適用する鳥獣保護法第9条若しくは第10条の規定により当該市町村の長が行った許可等の処分その他の行為又は同項の規定により読み替えて適用する鳥獣保護法第9条の規定により当該市町村の長に対して行っている許可等の申請とみなす。

3 市町村が第1項の被害防止計画を変更し、許可権限委譲事項の全部若しくは一部が記載されないこととなった場合又は当該被害防止計画の期間が満了した場合においては、第4条第9項において読み替えて準用する同条第8項後段の規定による公告の日又は当該被害防止計画の期間が満了した日（以下「変更公告等の日」という。）前に第1項の規定により読み替えて適用する鳥獣保護法第9条若しくは第10条の規定により当該市町村の長が行った許可等の処分その他の行為（前項の規定により当該市町村の長が行った許可等の処分その他の行為とみなされた行為を含む。）又は当該被害防止計画の変更公告等の日において現に第1項の規定により読み替えて適用する鳥獣保護法第9条の規定により当該市町村の長に対して行っている許可等の申請（前項の規定により当該市町村の長に対して行っている許可等の申請とみなされたものを含む。）で当該市町村の許可権限委譲事項に係るもの（当該市町村の許可権限委譲事項の一部が記載されないこととなった場合にあっては、当該記載されないこととなった許可権限委譲事項に係るものに限る。）は、当該変更公告等の日以後においては、鳥獣保護法第9条若しくは第10条の規定により都道府県知事が行った許可等の処分その他の行為又は鳥獣保護法第9条の規定により都道府県知事に対して行っている許可等の申請とみなす。

4 前3項に定めるもののほか、第1項の規定により読み替えて適用する鳥獣保護法第9条第1項の規定により被害防止計画を作成した市町村の長が対象鳥獣の捕獲等の許可を行う場合における鳥獣保護法その他の法令の規定に関する技術的読替えその他これらの規定の適用に関し必要な事項は、政令で定める。
（特定鳥獣保護管理計画の作成又は変更）
第7条 都道府県知事は、当該都道府県の区域内における被害防止計画の作成状況、第4条第10項の規定による報告の内容等を踏まえ、必要があると認めるときは、特定鳥獣保護管理計画を作成し、又は変更するよう努めるものとする。
（財政上の措置）
第8条 国及び都道府県は、市町村が行う被害防止計画に基づく被害防止施策が円滑に実施されるよう、地方交付税制度の拡充その他の必要な財政上の措置を講ずるものとする。
（鳥獣被害対策実施隊の設置等）
第9条 市町村は、対象鳥獣の捕獲等、防護柵の設置その他の被害防止計画に基づく被害防止施策を適切に実施するため、鳥獣被害対策実施隊を設けることができる。
2 鳥獣被害対策実施隊に鳥獣被害対策実施隊員を置く。
3 前項に規定する鳥獣被害対策実施隊員は、次に掲げる者をもって充てる。
 (1) 市町村長が市町村の職員のうちから指名する者
 (2) 被害防止計画に基づく被害防止施策の実施に積極的に取り組むことが見込まれる者（主として対象鳥獣の捕獲等に従事することが見込まれる者にあっては、これを適正かつ効果的に行うことができる者に限る。）のうちから、市町村長が任命する者
4 前項第2号に掲げる鳥獣被害対策実施隊員は、非常勤とする。
5 第2項に規定する鳥獣被害対策実施隊員であって主として対象鳥獣の捕獲等に従事することが見込まれる者として市町村長により指名され、又は任命されたものに係る鳥獣保護法第55条第1項の狩猟者登録についての鳥獣保護法第56条、第57条第1項及び第61条第4項の規定（これらの規定に係る罰則を含む。）の適用については、鳥獣保護法第56条中「次に掲げる事項」とあるのは「次に掲げる事項並びに対象鳥獣捕獲員（鳥獣による農林水産業等に係る被害の防止のための特別措置に関する法律（平成19年法律第134号）第9条第2項に規定する鳥獣被害対策実施隊員（以下「鳥獣被害対策実施隊員」という。）であって主として同法第4条第2項第4号に規定する対象鳥獣の捕獲等に従事することが見込まれる者として市町村長により指名され、又は任命されたものをいう。

以下同じ。）である旨及び所属市町村（当該狩猟者登録を受けようとする者が対象鳥獣捕獲員たる鳥獣被害対策実施隊員として所属する市町村であって、当該登録都道府県知事が管轄する区域内にあるものをいう。以下同じ。）の名称」と、鳥獣保護法第57条第1項中「次に掲げる事項」とあるのは「次に掲げる事項並びに対象鳥獣捕獲員である旨及び所属市町村の名称」と、鳥獣保護法第61条第4項中「生じたとき」とあるのは「生じたとき又は対象鳥獣捕獲員となったとき、対象鳥獣捕獲員でなくなったとき若しくは所属市町村の変更があったとき」とする。

6　第2項に規定する鳥獣被害対策実施隊員については、被害防止計画に基づく被害防止施策の適切かつ円滑な実施に資するため、地方税法（昭和25年法律第226号）の定めるところによる狩猟税の軽減の措置その他の必要な措置が講ぜられるものとする。

（捕獲等をした対象鳥獣の処理）

第10条　国及び地方公共団体は、被害防止計画に基づき捕獲等をした対象鳥獣が適正に処理されるよう、当該対象鳥獣に関し、処理するための施設の充実、環境に悪影響を及ぼすおそれのない処理方法その他適切な処理方法についての指導、有効な利用方法の開発その他の必要な措置を講ずるものとする。

（農林水産大臣の協力要請等）

第11条　農林水産大臣は、この法律の目的を達成するため必要があると認めるときは、環境大臣その他の関係行政機関の長又は関係地方公共団体の長に対し、必要な資料又は情報の提供、意見の開陳その他必要な協力を求めることができる。

2　農林水産大臣は、この法律の目的を達成するため必要があると認めるときは、環境大臣に対して鳥獣の保護及び狩猟の適正化に関し、文部科学大臣又は文部科学大臣を通じ文化庁長官に対して天然記念物の保存に関し、意見を述べることができる。

3　環境大臣は、鳥獣の保護を図る等の見地から被害防止施策に関し必要があると認めるときは、農林水産大臣に対して意見を述べることができる。

（国、地方公共団体等の連携及び協力）

第12条　国及び地方公共団体は、被害防止施策を総合的かつ効果的に実施するため、農林水産業及び農山漁村の振興に関する業務を担当する部局、鳥獣の保護及び管理に関する業務を担当する部局その他鳥獣による農林水産業等に係る被害の防止に関連する業務を担当する部局の相互の緊密な連携を確保しなければならない。

2　地方公共団体は、被害防止施策を効果的に実施するため、被害防止計画の作成及び実施等に当たっては、当該地方公共団体における鳥獣による農林水産業等に係る被害の状況等に応じ、地方公共団体相互の広域的な連携協力を確保しなければならない。

3　地方公共団体は、被害防止施策を実施するに当たっては、地域における一体的な取組が行われるよう、当該地域の農林漁業団体その他の関係団体との緊密な連携協力の確保に努めなければならない。

4　農林漁業団体その他の関係団体は、自主的に鳥獣による農林水産業等に係る被害の防止に努めるとともに、被害防止計画に基づく被害防止施策の実施その他の国及び地方公共団体が講ずる被害防止施策に協力するよう努めなければならない。

（被害の状況、鳥獣の生息状況等の調査）

第13条　国及び地方公共団体は、被害防止施策を総合的かつ効果的に実施するため、鳥獣による農林水産業等に係る被害の状況、農林水産業等に係る被害に係る鳥獣の生息の状況及び生息環境その他鳥獣による農林水産業等に係る被害の防止に関し必要な事項について調査を行うものとする。

2　国及び地方公共団体は、前項の調査の結果を公表するとともに、基本指針の策定又は変更、被害防止計画の作成又は変更その他この法律の運用に当たって、適切にこれを活用しなければならない。

（被害原因の究明、調査研究及び技術開発の推進等）

第14条　国及び都道府県は、被害防止施策の総合的かつ効果的な実施を推進するため、前条第1項の規定による調査の結果等を踏まえ、鳥獣による農林水産業等に係る被害の原因を究明するとともに、鳥獣による農林水産業等に係る被害の防止に関し、調査研究及び技術開発の推進並びに情報の収集、整理、分析及び提供を行うものとする。

（人材の育成）

第15条　国及び地方公共団体は、鳥獣の習性等鳥獣による農林水産業等に係る被害の防止に関する事項について専門的な知識経験を有する者、農林水産業等に係る被害の原因となっている鳥獣の捕獲等について技術的指導を行う者その他の鳥獣による農林水産業等に係る被害の防止に寄与する人材の育成を図るため、研修の実施その他必要な措置を講ずるものとする。

（狩猟免許等に係る手続的な負担の軽減）

第16条　国及び地方公共団体は、被害防止施策の実施に携わる者の狩猟免許等に係る手続的な負担の軽減に資するため、これらの手続の迅速化、狩猟免許又は

その更新を受けようとする者の利便の増進に係る措置その他のこれらの手続についての必要な措置を講ずるよう努めるものとする。
（国民の理解と関心の増進）
第17条　国及び地方公共団体は、鳥獣の習性等を踏まえて鳥獣による農林水産業等に係る被害を防止することの重要性に関する国民の理解と関心を深めるよう、鳥獣による農林水産業等に係る被害の防止に関する知識の普及及び啓発のための広報活動その他必要な措置を講ずるものとする。
（生息環境の整備及び保全）
第18条　国及び地方公共団体は、人と鳥獣の共存に配慮し、鳥獣の良好な生息環境の整備及び保全に資するため、地域の特性に応じ、間伐の推進、広葉樹林の育成その他の必要な措置を講ずるものとする。
（被害防止施策を講ずるに当たっての配慮）
第19条　国及び地方公共団体は、被害防止施策を講ずるに当たっては、生物の多様性の確保に留意するとともに、その数が著しく減少している鳥獣又は著しく減少するおそれのある鳥獣については、当該鳥獣の特性を考慮した適切な施策を講ずることによりその保護が図られるよう十分配慮するものとする。
（農林漁業等の振興及び農山漁村の活性化）
第20条　国及び地方公共団体は、被害防止施策と相まって農林漁業及び関連する産業の振興並びに農山漁村の活性化を図ることにより、安全にかつ安心して農林水産業を営むことができる活力ある農山漁村地域の実現を図るよう努めなければならない。

　　附　則
（施行期日）
第1条　この法律は、公布の日から起算して2月を経過した日から施行する。
（見直し）
第2条　被害防止施策については、この法律の施行後5年を目途として、この法律の施行の状況、鳥獣による農林水産業等に係る被害の発生状況等を勘案し、その全般に関して検討が加えられ、その結果に基づき、必要な見直しが行われるものとする。
（鳥獣の保護及び狩猟の適正化に関する法律の一部改正）
第3条　鳥獣の保護及び狩猟の適正化に関する法律の一部を次のように改正する。
　　第78条の次に次の1条を加える。
　（調査）

第78条の2　環境大臣及び都道府県知事は、鳥獣の生息の状況、その生息地の状況その他必要な事項について定期的に調査をし、その結果を、基本指針の策定又は変更、鳥獣保護事業計画の作成又は変更、この法律に基づく命令の改廃その他この法律の適正な運用に活用するものとする。

○鳥獣の保護及び狩猟の適正化に関する法律（読み替え表）

鳥獣の保護及び狩猟の適正化に関する法律（平成14年法律第88号）

（下線は読み替える部分）

読み替え後	読み替え前
（鳥獣の捕獲等及び鳥類の卵の採取等の許可） **第9条** 学術研究の目的、鳥獣による生活環境、農林水産業又は生態系に係る被害の防止の目的、第7条第2項第5号に掲げる特定鳥獣の数の調整の目的その他環境省令で定める目的で鳥獣の捕獲等又は鳥類の卵の採取等をしようとする者は、次に掲げる場合にあっては環境大臣の、それ以外の場合にあっては<u>都道府県知事（鳥獣による農林水産業等に係る被害の防止のための特別措置に関する法律（平成19年法律第134号。以下「鳥獣被害防止特措法」という。）第4条第1項に規定する被害防止計画に記載されている同条第3項に規定する許可権限委譲事項に係る同条第2項第4号に規定する対象鳥獣の捕獲等をしようとする者にあっては、当該被害防止計画を作成した市町村（以下「計画作成市町村」という。）の長）</u>の許可を受けなければならない。	（鳥獣の捕獲等及び鳥類の卵の採取等の許可） **第9条** 学術研究の目的、鳥獣による生活環境、農林水産業又は生態系に係る被害の防止の目的、第7条第2項第5号に掲げる特定鳥獣の数の調整の目的その他環境省令で定める目的で鳥獣の捕獲等又は鳥類の卵の採取等をしようとする者は、次に掲げる場合にあっては環境大臣の、それ以外の場合にあっては都道府県知事の許可を受けなければならない。
(1) 第28条第1項の規定により環境大臣が指定する鳥獣保護区の区域内において鳥獣の捕獲等又は鳥類の卵の採取等をするとき。	(1) 第28条第1項の規定により環境大臣が指定する鳥獣保護区の区域内において鳥獣の捕獲等又は鳥類の卵の採取等をするとき。

読み替え後	読み替え前
(2) 希少鳥獣の捕獲等又は希少鳥獣のうちの鳥類の卵の採取等をするとき。 (3) その構造、材質及び使用の方法を勘案して鳥獣の保護に重大な支障があるものとして環境省令で定める網又はわなを使用して鳥獣の捕獲等をするとき。 2 前項の許可を受けようとする者は、環境省令で定めるところにより、環境大臣、都道府県知事又は計画作成市町村の長に許可の申請をしなければならない。 3 環境大臣、都道府県知事又は計画作成市町村の長は、前項の許可の申請があったときは、当該申請に係る捕獲等又は採取等が次の各号のいずれかに該当する場合を除き、第1項の許可をしなければならない。 (1) 捕獲等又は採取等の目的が第1項に規定する目的に適合しないとき。 (2) 捕獲等又は採取等によって鳥獣の保護に重大な支障を及ぼすおそれがあるとき（生態系に係る被害を防止する目的で捕獲等又は採取等をする場合であって、環境省令で定める場合を除く。）。 (3) 捕獲等又は採取等によって生態系の保護に重大な支障を及ぼすおそれがあるとき。 (4) 捕獲等又は採取等に際し、住民の安全の確保若しくは環境省令	(2) 希少鳥獣の捕獲等又は希少鳥獣のうちの鳥類の卵の採取等をするとき。 (3) その構造、材質及び使用の方法を勘案して鳥獣の保護に重大な支障があるものとして環境省令で定める網又はわなを使用して鳥獣の捕獲等をするとき。 2 前項の許可を受けようとする者は、環境省令で定めるところにより、環境大臣又は都道府県知事に許可の申請をしなければならない。 3 環境大臣又は都道府県知事は、前項の許可の申請があったときは、当該申請に係る捕獲等又は採取等が次の各号のいずれかに該当する場合を除き、第1項の許可をしなければならない。 (1) 捕獲等又は採取等の目的が第1項に規定する目的に適合しないとき。 (2) 捕獲等又は採取等によって鳥獣の保護に重大な支障を及ぼすおそれがあるとき（生態系に係る被害を防止する目的で捕獲等又は採取等をする場合であって、環境省令で定める場合を除く。）。 (3) 捕獲等又は採取等によって生態系の保護に重大な支障を及ぼすおそれがあるとき。 (4) 捕獲等又は採取等に際し、住民の安全の確保若しくは環境省令

読み替え後	読み替え前
で定める区域（以下「指定区域」という。）の静穏の保持に支障を及ぼすおそれがあるとき。	で定める区域（以下「指定区域」という。）の静穏の保持に支障を及ぼすおそれがあるとき。
4　環境大臣、都道府県知事又は計画作成市町村の長は、第1項の許可をする場合において、その許可の有効期間を定めるものとする。	4　環境大臣又は都道府県知事は、第1項の許可をする場合において、その許可の有効期間を定めるものとする。
5　環境大臣、都道府県知事又は計画作成市町村の長は、第1項の許可をする場合において、鳥獣の保護、生態系の保護又は住民の安全の確保及び指定区域の静穏の保持のため必要があると認めるときは、その許可に条件を付することができる。	5　環境大臣又は都道府県知事は、第1項の許可をする場合において、鳥獣の保護、生態系の保護又は住民の安全の確保及び指定区域の静穏の保持のため必要があると認めるときは、その許可に条件を付することができる。
6　環境大臣、都道府県知事又は計画作成市町村の長は、特定鳥獣保護管理計画が定められた場合において、当該特定鳥獣保護管理計画に係る特定鳥獣について第1項の許可をしようとするときは、当該特定鳥獣保護管理計画の達成に資することとなるよう適切な配慮をするものとする。	6　環境大臣又は都道府県知事は、特定鳥獣保護管理計画が定められた場合において、当該特定鳥獣保護管理計画に係る特定鳥獣について第1項の許可をしようとするときは、当該特定鳥獣保護管理計画の達成に資することとなるよう適切な配慮をするものとする。
7　環境大臣、都道府県知事又は計画作成市町村の長は、第1項の許可をしたときは、環境省令で定めるところにより、許可証を交付しなければならない。	7　環境大臣又は都道府県知事は、第1項の許可をしたときは、環境省令で定めるところにより、許可証を交付しなければならない。
8　第1項の許可を受けた者のうち、国、地方公共団体その他適切かつ効果的に同項の許可に係る捕獲等又は採取等をすることができるものとして環境大臣の定める法人は、環境省	8　第1項の許可を受けた者のうち、国、地方公共団体その他適切かつ効果的に同項の許可に係る捕獲等又は採取等をすることができるものとして環境大臣の定める法人は、環境省

読み替え後	読み替え前
令で定めるところにより、環境大臣、都道府県知事又は計画作成市町村の長に申請をして、その者の監督の下にその許可に係る捕獲等又は採取等に従事する者（以下「従事者」という。）であることを証明する従事者証の交付を受けることができる。	令で定めるところにより、環境大臣又は都道府県知事に申請をして、その者の監督の下にその許可に係る捕獲等又は採取等に従事する者（以下「従事者」という。）であることを証明する従事者証の交付を受けることができる。
9　第1項の許可を受けた者は、その者又は従事者が第7項の許可証（以下単に「許可証」という。）若しくは前項の従事者証（以下単に「従事者証」という。）を亡失し、又は許可証若しくは従事者証が滅失したときは、環境省令で定めるところにより、環境大臣、都道府県知事又は計画作成市町村の長に申請をして、許可証又は従事者証の再交付を受けることができる。	9　第1項の許可を受けた者は、その者又は従事者が第7項の許可証（以下単に「許可証」という。）若しくは前項の従事者証（以下単に「従事者証」という。）を亡失し、又は許可証若しくは従事者証が滅失したときは、環境省令で定めるところにより、環境大臣又は都道府県知事に申請をして、許可証又は従事者証の再交付を受けることができる。
11　第1項の許可を受けた者は、次の各号のいずれかに該当することとなった場合は、環境省令で定めるところにより、許可証又は従事者証（第4号の場合にあっては、発見し、又は回復した許可証若しくは従事者証）を、環境大臣、都道府県知事又は計画作成市町村の長に返納しなければならない。 (1)　次条第2項の規定により許可が取り消されたとき。 (2)　第87条の規定により許可が失効したとき。 (3)　第4項の規定により定められた有効期間が満了したとき。	11　第1項の許可を受けた者は、次の各号のいずれかに該当することとなった場合は、環境省令で定めるところにより、許可証又は従事者証（第4号の場合にあっては、発見し、又は回復した許可証若しくは従事者証）を、環境大臣又は都道府県知事に返納しなければならない。 (1)　次条第2項の規定により許可が取り消されたとき。 (2)　第87条の規定により許可が失効したとき。 (3)　第4項の規定により定められた有効期間が満了したとき。

読み替え後	読み替え前
(4) 第9項の規定により許可証又は従事者証の再交付を受けた後において亡失した許可証又は従事者証を発見し、又は回復したとき。 13 第1項の許可を受けた者は、第4項の規定により定められた許可の有効期間が満了したときは、環境省令で定めるところにより、その日から起算して30日を経過する日までに、その許可に係る捕獲等又は採取等の結果を環境大臣、都道府県知事又は計画作成市町村の長に報告しなければならない。	(4) 第9項の規定により許可証又は従事者証の再交付を受けた後において亡失した許可証又は従事者証を発見し、又は回復したとき。 13 第1項の許可を受けた者は、第4項の規定により定められた許可の有効期間が満了したときは、環境省令で定めるところにより、その日から起算して30日を経過する日までに、その許可に係る捕獲等又は採取等の結果を環境大臣又は都道府県知事に報告しなければならない。
(許可に係る措置命令等) 第10条　環境大臣、都道府県知事又は計画作成市町村の長は、前条第1項の規定に違反して許可を受けないで鳥獣の捕獲等若しくは鳥類の卵の採取等をした者又は同条第5項の規定により付された条件に違反した者に対し、次に掲げる場合は、当該違反に係る鳥獣を解放することその他の必要な措置を執るべきことを命ずることができる。 (1)　鳥獣の保護のため必要があると認めるとき。 (2)　生態系の保護のため必要があると認めるとき。 (3)　捕獲等又は採取等に際し、住民の安全の確保若しくは指定区域の静穏の保持のため必要があると認めるとき。 2　環境大臣、都道府県知事又は計画	(許可に係る措置命令等) 第10条　環境大臣又は都道府県知事は、前条第1項の規定に違反して許可を受けないで鳥獣の捕獲等若しくは鳥類の卵の採取等をした者又は同条第5項の規定により付された条件に違反した者に対し、次に掲げる場合は、当該違反に係る鳥獣を解放することその他の必要な措置を執るべきことを命ずることができる。 (1)　鳥獣の保護のため必要があると認めるとき。 (2)　生態系の保護のため必要があると認めるとき。 (3)　捕獲等又は採取等に際し、住民の安全の確保若しくは指定区域の静穏の保持のため必要があると認めるとき。 2　環境大臣又は都道府県知事は、前

読み替え後	読み替え前
<u>作成市町村の長</u>は、前条第1項の許可を受けた者がこの法律若しくはこの法律に基づく命令の規定又はこの法律に基づく処分に違反した場合において、前項各号に掲げるときは、その許可を取り消すことができる。	条第1項の許可を受けた者がこの法律若しくはこの法律に基づく命令の規定又はこの法律に基づく処分に違反した場合において、前項各号に掲げるときは、その許可を取り消すことができる。
（狩猟鳥獣の捕獲等） **第11条** 次に掲げる場合には、第9条第1項の規定にかかわらず、第28条第1項に規定する鳥獣保護区、第34条第1項に規定する休猟区（第14条第2項の規定により指定された区域がある場合は、その区域を除く。）その他生態系の保護又は住民の安全の確保若しくは静穏の保持が特に必要な区域として環境省令で定める区域以外の区域（以下「狩猟可能区域」という。）において、狩猟期間（次項の規定により限定されている場合はその期間とし、第14条第2項の規定により延長されている場合はその期間とする。）内に限り、環境大臣<u>、都道府県知事又は計画作成市町村の長</u>の許可を受けないで、狩猟鳥獣（第14条第1項の規定により指定された区域においてはその区域に係る特定鳥獣に限り、同条第2項の規定により延長された期間においてはその延長の期間に係る特定鳥獣に限る。）の捕獲等をすることができる。 (1) 次条、第14条から第17条まで及び次章第1節から第3節までの規	（狩猟鳥獣の捕獲等） **第11条** 次に掲げる場合には、第9条第1項の規定にかかわらず、第28条第1項に規定する鳥獣保護区、第34条第1項に規定する休猟区（第14条第2項の規定により指定された区域がある場合は、その区域を除く。）その他生態系の保護又は住民の安全の確保若しくは静穏の保持が特に必要な区域として環境省令で定める区域以外の区域（以下「狩猟可能区域」という。）において、狩猟期間（次項の規定により限定されている場合はその期間とし、第14条第2項の規定により延長されている場合はその期間とする。）内に限り、環境大臣又は都道府県知事の許可を受けないで、狩猟鳥獣（第14条第1項の規定により指定された区域においてはその区域に係る特定鳥獣に限り、同条第2項の規定により延長された期間においてはその延長の期間に係る特定鳥獣に限る。）の捕獲等をすることができる。 (1) 次条、第14条から第17条まで及び次章第1節から第3節までの規

読み替え後	読み替え前
定に従って狩猟をするとき。 (2) 次条、第14条から第17条まで、第36条及び第37条の規定に従って、次に掲げる狩猟鳥獣の捕獲等をするとき。 イ 法定猟法以外の猟法による狩猟鳥獣の捕獲等 ロ 垣、さくその他これに類するもので囲まれた住宅の敷地内において銃器を使用しないでする狩猟鳥獣の捕獲等	定に従って狩猟をするとき。 (2) 次条、第14条から第17条まで、第36条及び第37条の規定に従って、次に掲げる狩猟鳥獣の捕獲等をするとき。 イ 法定猟法以外の猟法による狩猟鳥獣の捕獲等 ロ 垣、さくその他これに類するもので囲まれた住宅の敷地内において銃器を使用しないでする狩猟鳥獣の捕獲等
(環境省令で定める鳥獣の捕獲等) **第13条** 農業又は林業の事業活動に伴い捕獲等又は採取等をすることがやむを得ない鳥獣若しくは鳥類の卵であって環境省令で定めるものは、第9条第1項の規定にかかわらず、環境大臣、<u>都道府県知事又は計画作成市町村の長</u>の許可を受けないで、環境省令で定めるところにより、捕獲等又は採取等をすることができる。	(環境省令で定める鳥獣の捕獲等) **第13条** 農業又は林業の事業活動に伴い捕獲等又は採取等をすることがやむを得ない鳥獣若しくは鳥類の卵であって環境省令で定めるものは、第9条第1項の規定にかかわらず、環境大臣<u>又は</u>都道府県知事の許可を受けないで、環境省令で定めるところにより、捕獲等又は採取等をすることができる。
(狩猟者登録の申請) **第56条** 狩猟者登録を受けようとする者は、環境省令で定めるところにより、登録都道府県知事に、<u>次に掲げる事項並びに対象鳥獣捕獲員(鳥獣による農林水産業等に係る被害の防止のための特別措置に関する法律(平成19年法律第 号)第9条第2項に規定する鳥獣被害対策実施隊員(以下「鳥獣被害対策実施隊員」という。)であって主として同</u>	(狩猟者登録の申請) **第56条** 狩猟者登録を受けようとする者は、環境省令で定めるところにより、登録都道府県知事に、<u>次に掲げる事項を記載した申請書を提出し</u>なければならない。

読み替え後	読み替え前
法第4条第2項第4号に規定する対象鳥獣の捕獲等に従事することが見込まれる者として市町村長により指名され、又は任命されたものをいう。以下同じ。）である旨及び所属市町村（当該狩猟者登録を受けようとする者が対象鳥獣捕獲員たる鳥獣被害対策実施隊員として所属する市町村であって、当該登録都道府県知事が管轄する区域内にあるものをいう。以下同じ。）の名称を記載した申請書を提出しなければならない。 (1) 狩猟免許の種類 (2) 狩猟をする場所 (3) 住所、氏名及び生年月日 (4) その他環境省令で定める事項	(1) 狩猟免許の種類 (2) 狩猟をする場所 (3) 住所、氏名及び生年月日 (4) その他環境省令で定める事項
（狩猟者登録の実施） **第57条** 登録都道府県知事は、前条の規定による申請書の提出があったときは、次条の規定により登録を拒否する場合を除くほか、次に掲げる事項並びに対象鳥獣捕獲員である旨及び所属市町村の名称を狩猟者登録簿に登録しなければならない。 (1) 前条各号に掲げる事項 (2) 登録年月日及び登録番号	（狩猟者登録の実施） **第57条** 登録都道府県知事は、前条の規定による申請書の提出があったときは、次条の規定により登録を拒否する場合を除くほか、次に掲げる事項を狩猟者登録簿に登録しなければならない。 (1) 前条各号に掲げる事項 (2) 登録年月日及び登録番号
（狩猟者登録の変更の登録等） **第61条** 4 狩猟者登録を受けた者は、第56条第3号及び第4号に掲げる事項に変更を生じたとき又は対象鳥獣捕獲員となったとき、対象鳥獣捕獲員でなくなったとき若しくは所属市町村の	（狩猟者登録の変更の登録等） **第61条** 4 狩猟者登録を受けた者は、第56条第3号及び第4号に掲げる事項に変更を生じたときは、環境省令で定めるところにより、遅滞なく、登録都道府県知事に届け出なければならな

読み替え後	読み替え前
変更があったときは、環境省令で定めるところにより、遅滞なく、登録都道府県知事に届け出なければならない。その届出があった場合には、登録都道府県知事は、遅滞なく、当該登録を変更するものとする。	い。その届出があった場合には、登録都道府県知事は、遅滞なく、当該登録を変更するものとする。
（報告徴収及び立入検査等） **第75条** 環境大臣<u>若しくは都道府県知事又は計画作成市町村の長</u>は、この法律の施行に必要な限度において、<u>環境大臣又は都道府県知事にあっては第9条第1項の許可を受けた者（鳥獣被害防止特措法第6条第1項の規定により読み替えて適用する第9条第1項の規定により計画作成市町村の長の許可を受けた者を除く。）</u>、鳥獣（その加工品を含む。）若しくは鳥類の卵の販売、輸出、輸入若しくは加工をしようとする者、特別保護地区の区域内において第29条第7項各号に掲げる行為をした者、狩猟免許を受けた者若しくは狩猟者登録を受けた者又は<u>猟区設定者</u>に対し、<u>計画作成市町村の長にあっては鳥獣被害防止特措法第6条第1項の規定により読み替えて適用する第9条第1項の規定により計画作成市町村の長の許可を受けた者に対し</u>、その行為の実施状況その他必要な事項について報告を求めることができる。	（報告徴収及び立入検査等） **第75条** 環境大臣<u>又は都道府県知事</u>は、この法律の施行に必要な限度において、<u>第9条第1項の許可を受けた者</u>、鳥獣（その加工品を含む。）若しくは鳥類の卵の販売、輸出、輸入若しくは加工をしようとする者、特別保護地区の区域内において第29条第7項各号に掲げる行為をした者、狩猟免許を受けた者若しくは狩猟者登録を受けた者又は<u>猟区設定者</u>に対し、その行為の実施状況その他必要な事項について報告を求めることができる。
（環境大臣の指示等） **第79条** 環境大臣は、鳥獣の数が著し	（環境大臣の指示等） **第79条** 環境大臣は、鳥獣の数が著し

第2編 関係法令等 81

読み替え後	読み替え前
く減少しているとき、その他鳥獣の保護を図るため緊急の必要があると認めるときは、<u>都道府県知事又は計画作成市町村の長</u>に対し、次に掲げる事務に関し必要な指示をすることができる。 (1)　第9条第1項又は第24条第1項の許可に関する事務 (2)　第14条第2項の規定による延長に関する事務 (3)　第14条第3項の規定による禁止又は制限の解除に関する事務 (4)　第19条第1項の規定による登録に関する事務 2　都道府県知事は、地方自治法（昭和22年法律第67号）第252条の17の2第1項の条例で定めるところにより、第9条第1項、第19条第1項<u>若しくは第24条第1項に規定する都道府県知事の権限に属する事務を市町村が処理する場合又は鳥獣被害防止特措法第6条第1項の規定により読み替えて適用する第9条第1項の規定による許可に係る事務を計画作成市町村が処理する場合</u>において、鳥獣の保護を図るため必要があると認めるときは、<u>当該市町村又は当該計画作成市町村</u>に対し、当該事務に必要な指示をすることができる。	く減少しているとき、その他鳥獣の保護を図るため緊急の必要があると認めるときは、<u>都道府県知事</u>に対し、次に掲げる事務に関し必要な指示をすることができる。 (1)　第9条第1項又は第24条第1項の許可に関する事務 (2)　第14条第2項の規定による延長に関する事務 (3)　第14条第3項の規定による禁止又は制限の解除に関する事務 (4)　第19条第1項の規定による登録に関する事務 2　都道府県知事は、地方自治法（昭和22年法律第67号）第252条の17の2第1項の条例で定めるところにより、第9条第1項、第19条第1項<u>又は第24条第1項に規定する都道府県知事の権限に属する事務を市町村が処理する場合</u>において、鳥獣の保護を図るため必要があると認めるときは、<u>当該市町村</u>に対し、当該事務に必要な指示をすることができる。
第83条　次の各号のいずれかに該当する者は、1年以下の懲役又は100万円以下の罰金に処する。	第83条　次の各号のいずれかに該当する者は、1年以下の懲役又は100万円以下の罰金に処する。

読み替え後	読み替え前
2　狩猟可能区域以外の区域において、又は狩猟期間（第11条第2項の規定により限定されている場合はその期間とし、第14条第2項の規定により延長されている場合はその期間とする。）外の期間に狩猟鳥獣の捕獲等をした者（<u>第9条第1項（鳥獣被害防止特措法第6条第1項の規定により読み替えて適用する場合を含む。）</u>の許可を受けた者及び第13条第1項の規定により捕獲等をした者を除く。）	2　狩猟可能区域以外の区域において、又は狩猟期間（第11条第2項の規定により限定されている場合はその期間とし、第14条第2項の規定により延長されている場合はその期間とする。）外の期間に狩猟鳥獣の捕獲等をした者（<u>第9条第1項の許可</u>を受けた者及び第13条第1項の規定により捕獲等をした者を除く。）
2の2　第14条第1項の規定により指定された区域においてその区域に係る特定鳥獣以外の狩猟鳥獣の捕獲等をし、又は同条第2項の規定により延長された期間においてその延長の期間に係る特定鳥獣以外の狩猟鳥獣の捕獲等をした者（<u>第9条第1項（鳥獣被害防止特措法第6条第1項の規定により読み替えて適用する場合を含む。）</u>の許可を受けた者及び<u>第13条第1項（鳥獣被害防止特措法第6条第1項の規定により読み替えて適用する場合を含む。）</u>の規定により捕獲等をした者を除く。）	2の2　第14条第1項の規定により指定された区域においてその区域に係る特定鳥獣以外の狩猟鳥獣の捕獲等をし、又は同条第2項の規定により延長された期間においてその延長の期間に係る特定鳥獣以外の狩猟鳥獣の捕獲等をした者（<u>第9条第1項の許可</u>を受けた者及び<u>第13条第1項</u>の規定により捕獲等をした者を除く。）
3　<u>第10条第1項（鳥獣被害防止特措法第6条第1項の規定により読み替えて適用する場合を含む。）</u>、第25条第6項又は第37条第10項の規定による命令に違反した者	3　<u>第10条第1項</u>、第25条第6項又は第37条第10項の規定による命令に違反した者
6　偽りその他不正の手段により<u>第9条第1項（鳥獣被害防止特措法第6</u>	6　偽りその他不正の手段により<u>第9条第1項の許可</u>、狩猟免許若しくは

読み替え後	読み替え前
条第 1 項の規定により読み替えて適用する場合を含む。）の許可、狩猟免許若しくはその更新又は狩猟者登録若しくは変更登録を受けた者	その更新又は狩猟者登録若しくは変更登録を受けた者
第84条　次の各号のいずれかに該当する者は、6月以下の懲役又は50万円以下の罰金に処する。 (1)　第 9 条第 5 項（鳥獣被害防止特措法第 6 条第 1 項の規定により読み替えて適用する場合を含む。）又は第37条第 5 項の規定により付された条件に違反した者	**第84条**　次の各号のいずれかに該当する者は、6月以下の懲役又は50万円以下の罰金に処する。 (1)　第 9 条第 5 項又は第37条第 5 項の規定により付された条件に違反した者
第86条　次の各号のいずれかに該当する者は、30万円以下の罰金に処する。 (1)　第 9 条第10項若しくは第11項（鳥獣被害防止特措法第 6 条第 1 項の規定により読み替えて適用する場合を含む。）、第15条第 8 項若しくは第 9 項、第18条、第21条第 1 項、第24条第 7 項若しくは第 8 項、第25条第 5 項、第35条第 9 項若しくは第10項、第37条第 8 項若しくは第 9 項、第54条、第62条第 1 項又は第65条の規定に違反した者 (2)　第 9 条第13項（鳥獣被害防止特措法第 6 条第 1 項の規定により読み替えて適用する場合を含む。）、第66条又は第75条第 1 項（鳥獣被害防止特措法第 6 条第 1 項の規定により読み替えて適用する場合を含む。）の規定による報告をせず、又は虚偽の報告をした者	**第86条**　次の各号のいずれかに該当する者は、30万円以下の罰金に処する。 (1)　第 9 条第10項若しくは第11項、第15条第 8 項若しくは第 9 項、第18条、第21条第 1 項、第24条第 7 項若しくは第 8 項、第25条第 5 項、第35条第 9 項若しくは第10項、第37条第 8 項若しくは第 9 項、第54条、第62条第 1 項又は第65条の規定に違反した者 (2)　第 9 条第13項、第66条又は第75条第 1 項の規定による報告をせず、又は虚偽の報告をした者

読み替え後	読み替え前
第87条　第9条第1項（鳥獣被害防止特措法第6条第1項の規定により読み替えて適用する場合を含む。）の許可又は狩猟免許を受けた者がこの法律の規定に違反し、罰金以上の刑に処せられたときは、その許可又は狩猟免許は効力を失うものとする。	**第87条**　第9条第1項の許可又は狩猟免許を受けた者がこの法律の規定に違反し、罰金以上の刑に処せられたときは、その許可又は狩猟免許は効力を失うものとする。

○鳥獣による農林水産業等に係る被害の防止のための特別措置に関する法律施行規則

$$\left[\begin{array}{l}平成20年2月21日\\農林水産省令第7号\end{array}\right]$$

　鳥獣による農林水産業等に係る被害の防止のための特別措置に関する法律第4条第8項（同条第9項において準用する場合を含む。）の規定による公告は、市町村の公報への掲載その他所定の方法により行うものとする。
　　附　則
　この省令は、鳥獣による農林水産業等に係る被害の防止のための特別措置に関する法律の施行の日（平成20年2月21日）から施行する。

◯環境省関係鳥獣による農林水産業等に係る被害の防止のための特別措置に関する法律施行規則

〔平成20年2月21日
環境省令第1号〕

(対象鳥獣の捕獲等の許可に係る鳥獣の保護及び狩猟の適正化に関する法律施行規則の適用の特例)

第1条 市町村が鳥獣による農林水産業等に係る被害の防止のための特別措置に関する法律(平成19年法律第134号。以下「法」という。)第6条第1項の被害防止計画を作成したときは、法第4条第8項後段(同条第9項において読み替えて準用する場合を含む。)の規定による公告の日から当該被害防止計画の期間が満了する日までの間は、当該被害防止計画を作成した市町村の区域における鳥獣の保護及び狩猟の適正化に関する法律施行規則(平成14年環境省令第28号。以下「施行規則」という。)第7条第1項中「都道府県知事」とあるのは「都道府県知事(鳥獣による農林水産業等に係る被害の防止のための特別措置に関する法律(平成19年法律第134号。以下「鳥獣被害防止特措法」という。)第4条第1項に規定する被害防止計画に記載されている同条第3項に規定する許可権限委譲事項に係る同条第2項第4号に規定する対象鳥獣の捕獲等をしようとする者にあっては、当該被害防止計画を作成した市町村(以下「計画作成市町村」という。)の長)」と、同条第3項、第7項、第8項、第10項から第15項まで及び第17項並びに第13条及び第26条第2項の規定中「又は都道府県知事」とあるのは「、都道府県知事又は計画作成市町村の長」と、様式第1(表面)及び様式第2(表面)中「都道府県知事」とあるのは「都道府県知事又は計画作成市町村の長」と、様式第17備考4中「表面の備考の欄には、」とあるのは「表面の備考の欄には、対象鳥獣捕獲員の狩猟者登録を受けた者にあってはその旨、」とする。

(対象鳥獣捕獲員の狩猟者登録に係る鳥獣の保護及び狩猟の適正化に関する法律施行規則の適用の特例)

第2条 前条に規定する場合において、法第9条第5項の規定に基づき市町村の長により指名され、又は任命された者(以下「対象鳥獣捕獲員」という。)に係る施行規則第66条の規定の適用については、同条中「狩猟免許の種類及び狩猟をする場所の区別」とあるのは「狩猟免許の種類別、狩猟をする場所の区別及び鳥獣被害防止特措法第9条第5項の規定により読み替えて適用する法第

56条の対象鳥獣捕獲員であるか否かの別」とする。
2　対象鳥獣捕獲員が前項の特例に係る狩猟者登録を申請する場合にあっては、登録都道府県知事に、鳥獣の保護及び狩猟の適正化に関する法律（平成14年法律第88号）第56条の申請書に加えて別記様式により作成した証明書（法第9条第5項の規定により対象鳥獣捕獲員を指名し、又は任命した市町村の長が、狩猟者登録を受けようとする者が対象鳥獣捕獲員であることを証する書面をいう。）を提出しなければならない。
3　対象鳥獣捕獲員として狩猟者登録を受けた者が対象鳥獣捕獲員でなくなった場合であって、その者が引き続き狩猟をしようとするときには、施行規則第65条の規定に基づき狩猟者登録の申請を行い、再び狩猟者登録を受けるものとする。

　　附　則
この省令は、平成20年2月21日から施行する。

別記様式（第2条第2項関係）

```
                                          第      号


              対象鳥獣捕獲員であることを証する証明書


  下記の者は、鳥獣による農林水産業等に係る被害の防止のための特
別措置に関する法律（以下「鳥獣被害防止特措法」という。）第9条第
5項に規定する対象鳥獣捕獲員として指名又は任命した者であり、鳥
獣被害防止特措法第4条第2項第4号に規定する対象鳥獣の捕獲等に
積極的に従事する者であることを証明する。



              住所：


              氏名：




                       平成　　年　　月　　日　発行


                       市町村長名　　　　印


（注）　この証明書は、本証明書が発行された日から、その日の属す
     る年の翌年の4月15日（証明書が発行された日が1月1日から4月
     15日までに属するときは、その年の4月15日）までに限り有効
     とする。
```

備考　用紙の大きさは、日本工業規格A4とすること。

◯鳥獣の保護及び狩猟の適正化に関する法律施行規則（読み替え表）

鳥獣の保護及び狩猟の適正化に関する法律施行規則(平成14年環境省令第28号)（抄）

（下線の部分は読み替える部分）

読み替え後	読み替え前
（捕獲等又は採取等の許可の申請等） **第7条** 法第9条第2項の規定による許可の申請は、次に掲げる事項を記載した申請書に、鳥獣の捕獲等又は鳥類の卵の採取等をしようとする事由を証する書面（以下この条において「証明書」という。）を添えて、これを環境大臣又は<u>都道府県知事（鳥獣による農林水産業等に係る被害の防止のための特別措置に関する法律（平成19年法律第134号。以下「鳥獣被害防止特措法」という。）第4条第1項に規定する被害防止計画に記載されている同条第3項に規定する許可権限委譲事項に係る同条第2項第4号に規定する対象鳥獣の捕獲等をしようとする者にあっては、当該被害防止計画を作成した市町村（以下「計画作成市町村」という。）の長）</u>に提出して行うものとする。ただし、自ら飼養するため、鳥獣の捕獲又は鳥類の卵の採取をしようとする場合は、証明書を添えなくてもよい。 (1)～(9)　（略） 2　（略） 3　環境大臣、<u>都道府県知事又は計画作成市町村の長</u>は、第1項の申請を	（捕獲等又は採取等の許可の申請等） **第7条** 法第9条第2項の規定による許可の申請は、次に掲げる事項を記載した申請書に、鳥獣の捕獲等又は鳥類の卵の採取等をしようとする事由を証する書面（以下この条において「証明書」という。）を添えて、これを環境大臣又は<u>都道府県知事</u>に提出して行うものとする。ただし、自ら飼養するため、鳥獣の捕獲又は鳥類の卵の採取をしようとする場合は、証明書を添えなくてもよい。 (1)～(9)　（略） 2　（略） 3　環境大臣<u>又は都道府県知事</u>は、第1項の申請をしようとする者に対し

読み替え後	読み替え前
しようとする者に対し同項の申請書及び前項の図面のほか必要と認める書類の提出を求めることができる。	同項の申請書及び前項の図面のほか必要と認める書類の提出を求めることができる。
4～6　（略）	4～6　（略）
7　法第9条第8項の規定による従事者証の交付の申請は、次に掲げる事項を記載した申請書を環境大臣、都道府県知事又は計画作成市町村の長に提出して行うものとする。 (1)～(3)　（略）	7　法第9条第8項の規定による従事者証の交付の申請は、次に掲げる事項を記載した申請書を環境大臣又は都道府県知事に提出して行うものとする。 (1)～(3)　（略）
8　環境大臣、都道府県知事又は計画作成市町村の長は、前項の申請をしようとする者に対し同項の申請書のほか必要と認める書類の提出を求めることができる。	8　環境大臣又は都道府県知事は、前項の申請をしようとする者に対し同項の申請書のほか必要と認める書類の提出を求めることができる。
9　（略）	9　（略）
10　法第9条第9項の規定による許可証又は従事者証の再交付の申請は、次に掲げる事項を記載した申請書を、交付を受けた環境大臣、都道府県知事又は計画作成市町村の長に提出して行うものとする。 (1)　申請者の住所、氏名、職業及び生年月日（法人にあっては、主たる事務所の所在地、名称及び代表者の氏名） (2)　許可証又は従事者証の番号 (3)　許可証若しくは従事者証を亡失し、又は許可証若しくは従事者証が滅失した事情	10　法第9条第9項の規定による許可証又は従事者証の再交付の申請は、次に掲げる事項を記載した申請書を、交付を受けた環境大臣又は都道府県知事に提出して行うものとする。 (1)　申請者の住所、氏名、職業及び生年月日（法人にあっては、主たる事務所の所在地、名称及び代表者の氏名） (2)　許可証又は従事者証の番号 (3)　許可証若しくは従事者証を亡失し、又は許可証若しくは従事者証が滅失した事情
11　許可証の交付を受けた者は、その住所又は氏名（法人にあっては、主たる事務所の所在地、名称又は代表	11　許可証の交付を受けた者は、その住所又は氏名（法人にあっては、主たる事務所の所在地、名称又は代表

読み替え後	読み替え前
者の氏名）を変更したときは、2週間以内にその旨を交付を受けた環境大臣、都道府県知事又は計画作成市町村の長に届け出なければならない。	者の氏名）を変更したときは、2週間以内にその旨を交付を受けた環境大臣又は都道府県知事に届け出なければならない。
12 許可証の交付を受けた法人は、従事者証に記載された者の住所又は氏名に変更があったときは、2週間以内にその旨を交付を受けた環境大臣、都道府県知事又は計画作成市町村の長に届け出なければならない。	12 許可証の交付を受けた法人は、従事者証に記載された者の住所又は氏名に変更があったときは、2週間以内にその旨を交付を受けた環境大臣又は都道府県知事に届け出なければならない。
13 許可証の交付を受けた者は、これを亡失したときは、書面をもって遅滞なくその旨を交付を受けた環境大臣、都道府県知事又は計画作成市町村の長に届け出なければならない。ただし、第10項の申請をした場合は、この限りでない。	13 許可証の交付を受けた者は、これを亡失したときは、書面をもって遅滞なくその旨を交付を受けた環境大臣又は都道府県知事に届け出なければならない。ただし、第10項の申請をした場合は、この限りでない。
14 許可証の交付を受けた法人は、従事者証を亡失した者があるときは、書面をもって遅滞なくその旨を交付を受けた環境大臣、都道府県知事又は計画作成市町村の長に届け出なければならない。ただし、第10項の申請をした場合は、この限りでない。	14 許可証の交付を受けた法人は、従事者証を亡失した者があるときは、書面をもって遅滞なくその旨を交付を受けた環境大臣又は都道府県知事に届け出なければならない。ただし、第10項の申請をした場合は、この限りでない。
15 許可証又は従事者証は、法第9条第11項第1号から第3号までのいずれかに該当することとなった場合はその日から起算して30日を経過する日までの間に、同項第4号に該当することとなった場合は速やかに、交付を受けた環境大臣、都道府県知事又は計画作成市町村の長に返納しな	15 許可証又は従事者証は、法第9条第11項第1号から第3号までのいずれかに該当することとなった場合はその日から起算して30日を経過する日までの間に、同項第4号に該当することとなった場合は速やかに、交付を受けた環境大臣又は都道府県知事に返納しなければならない。

読み替え後	読み替え前
ければならない。	
16 （略）	16 （略）
17 法第9条第12項の環境省令で定める事項は、許可証に記載された環境大臣、都道府県知事又は計画作成市町村の長名、許可の有効期間、許可証の番号及び捕獲等をしようとする鳥獣又は採取等をしようとする鳥類の卵の種類とする。	17 法第9条第12項の環境省令で定める事項は、許可証に記載された環境大臣又は都道府県知事名、許可の有効期間、許可証の番号及び捕獲等をしようとする鳥獣又は採取等をしようとする鳥類の卵の種類とする。
18・19 （略）	18・19 （略）
（農業又は林業の事業活動に伴い捕獲等又は採取等をすることがやむを得ない鳥獣の捕獲等）	（農業又は林業の事業活動に伴い捕獲等又は採取等をすることがやむを得ない鳥獣の捕獲等）
第13条 法第13条第1項の規定により環境大臣、都道府県知事又は計画作成市町村の長の許可を要しない捕獲等又は採取等は、農業又は林業の事業活動に伴いやむを得ずする捕獲等又は採取等とする。	第13条 法第13条第1項の規定により環境大臣又は都道府県知事の許可を要しない捕獲等又は採取等は、農業又は林業の事業活動に伴いやむを得ずする捕獲等又は採取等とする。
（適法捕獲等証明書の交付の申請等）	（適法捕獲等証明書の交付の申請等）
第26条	第26条
1 （略）	1 （略）
2 前項の申請書には、環境大臣、都道府県知事又は計画作成市町村の長が当該申請に係る捕獲等又は採取等について法第9条第7項の許可証を交付している場合、又は都道府県知事が当該申請に係る捕獲等について法第60条の狩猟者登録証を交付している場合にあっては、その旨を環境大臣、都道府県知事又は計画作成市町村の長が証する書面を添えなければならない。	2 前項の申請書には、環境大臣又は都道府県知事が当該申請に係る捕獲等又は採取等について法第9条第7項の許可証を交付している場合、又は都道府県知事が当該申請に係る捕獲等について法第60条の狩猟者登録証を交付している場合にあっては、その旨を環境大臣又は都道府県知事が証する書面を添えなければならない。

読み替え後	読み替え前
（狩猟者登録の方法等）	（狩猟者登録の方法等）
第66条 狩猟者登録は、<u>狩猟免許の種類の別、狩猟をする場所の区別及び鳥獣被害防止特措法第9条第5項の規定により読み替えて適用する法第56条の対象鳥獣捕獲員であるか否かの別</u>ごとに行うものとする。	**第66条** 狩猟者登録は、<u>狩猟免許の種類及び狩猟をする場所の区別</u>ごとに行うものとする。
2 第1種銃猟免許を受けた者が空気銃を使用する猟法により狩猟鳥獣の捕獲等をする場合には、前項の規定にかかわらず、第2種銃猟免許に係る狩猟者登録を行うものとする。ただし、当該第1種銃猟免許を受けた者が当該狩猟者登録に係る場所において、装薬銃及び空気銃を使用する猟法により狩猟鳥獣の捕獲等をする場合は、この限りでない。	2 第1種銃猟免許を受けた者が空気銃を使用する猟法により狩猟鳥獣の捕獲等をする場合には、前項の規定にかかわらず、第2種銃猟免許に係る狩猟者登録を行うものとする。ただし、当該第1種銃猟免許を受けた者が当該狩猟者登録に係る場所において、装薬銃及び空気銃を使用する猟法により狩猟鳥獣の捕獲等をする場合は、この限りでない。
3 第1項の狩猟をする場所の区別は、次のとおりとする。 (1) 都道府県の区域の全部 (2) 都道府県の区域のうち放鳥獣猟区の区域	3 第1項の狩猟をする場所の区別は、次のとおりとする。 (1) 都道府県の区域の全部 (2) 都道府県の区域のうち放鳥獣猟区の区域
4 登録都道府県知事は、法第57条第1項に掲げる事項のほか狩猟者登録の申請に係る狩猟免許を行った都道府県知事名を登録するものとする。	4 登録都道府県知事は、法第57条第1項に掲げる事項のほか狩猟者登録の申請に係る狩猟免許を行った都道府県知事名を登録するものとする。

様式第1 (規則第7条第6項関係)

(表面)

第　年　月　　号日		
許　　　可　　　証 (鳥獣の捕獲等又は鳥類の卵の採取等)		
有効期間	年　月　日から 年　月　日まで	
		環　境　大　臣 (都道府県知事又は計画作成市町村の長)　印

住　所	
氏　名 (法人の名称) (代表者の氏名)	
生年月日	
鳥獣等の種類 及び数量	
目　的	
区　域	
方　法	
捕獲等又は採取 等の後の処置	
条　件	

注　意　事　項

1　この許可証は、捕獲等又は採取等に際しては必ず携帯しなければならず、かつ、他人に使用させてはならない。
2　この許可証は、国若しくは地方公共団体の権限ある職員、警察官又は鳥獣保護員その他関係者が提示を求めたときは、これを拒んではならない。
3　この許可証は、その効力を失った日から30日以内に、環境大臣(交付を受けた都道府県知事又は計画作成市町村の長)に返納し、かつ、捕獲等についての報告をしなければならない。
4　返納の際は報告欄に所要事項を記入することにより、鳥獣の保護及び狩猟の適正化に関する法律第9条第13項の報告をすることができる。

報　　　告　　　欄

捕獲等又は採 取等した場所	鳥獣等の種 類	捕獲等又は採 取等した数量	処置の概要	備　考

備　考
1　用紙の大きさは、やむを得ない場合を除き、25cm×17.6cmとし、4つ折り等により容易に携帯できるようにすること。
2　報告欄の処置の概要欄には、捕獲等をした鳥獣等の処置を行った鳥獣保護区等の区域を記載するようにすること。
3　報告欄の捕獲等又は採取等した場所欄には、鳥獣保護区等の区域を示す図面にメッシュ番号を記載すること。
4　報告欄の備考欄には、地域における状況を考慮して記載事項を決定し、必要に応じて()書きをするなどその旨を明示すること。

様式第2（第7条第9項関係）

(表面)

従事者証

第　　号
年　月　日

有効期間　年　月　日から
　　　　　年　月　日まで

環境大臣
(都道府県知事又は計画作成市町村の長)　印

住所	
氏名	
生年月日	

注意事項

1　従事者証は、鳥獣の捕獲等又は採取等に際しては必ず携帯しなければならず、かつ、他人に使用させてはならない。
2　従事者証は、国若しくは地方公共団体の権限ある職員、警察官又は鳥獣保護員その他関係者が提示を求めたときは、これを拒んではならない。
3　従事者証は、その効力を失った日から30日以内に、環境大臣又は交付を受けた都道府県知事又は計画作成市町村の長に返納し、かつ、捕獲等又は採取等についての報告をしなければならない。

許可の内容

許可証の番号	
法人の名称	
鳥獣等の種類及び数量	
目的	
区域	
方法	
条件	

備考　用紙の大きさは、やむを得ない場合を除き、25cm×17.6cmとし、4つ折り等により容易に携帯できるようにすること。

96　第2編　関係法令等

様式第17（第65条第5項関係）

（裏面）

捕獲場所	報告事項 鳥獣の種類	鳥獣の数量	備考（　）

捕獲場所	報告事項 鳥獣の種類	鳥獣の数量	備考（　）

1 用紙の大きさは、やむを得ない場合を除き、25cm×17.6cmとし、4つ折り等により容易に携帯できるようにすること。
2 放鳥獣区の区域からのみに係るものについては、その表面に「放鳥獣区」と表示するとともに、注意事項の1中「区域内の放鳥獣類区の区域」と表示すること。
3 第一種銃猟の備考の欄には（第二種銃猟、網猟、わな猟）狩猟者登録証の前に、登録年号を数字で表示すること。
4 再交付の備考の欄にあっては、対象鳥獣捕獲員の原交付年月日及び再交付を受けた者にあっては、その旨及び注意事項及び条件等に係る事項を記載すること。
5 第一種銃猟に係る登録を許可された者については狩猟者登録証の限定交付年月日及び装薬銃及び空気銃の別について、その内容を記載すること。装薬銃については表薬銃を使用し、氏名及び住所の変更並びに鳥獣について左側の報告事項の欄に、捕獲をした鳥獣別に記入すること。
6 この場合、報告事項の欄の（　）内に装薬銃又は空気銃の区域に記載されたメッシュ番号等を記載すること。鳥獣等を記入する欄については右側の報告事項の欄にそれぞれ記入すること。
7 捕獲場所の備考の欄については、鳥獣保護区の区域を示す図面に記載するなどその旨を明示すること。
8 裏面の備考の欄については、地域における状況を考慮して記載事項を決定し、必要に応じて（　）書きをするなどその旨を明示すること。

第2編　関係法令等　97

○鳥獣の保護及び狩猟の適正化に関する法律施行規則の一部を改正する省令

〔平成20年2月21日　環境省令第2号〕

　　鳥獣の保護及び狩猟の適正化に関する法律施行規則の一部を改正する省令
　鳥獣の保護及び狩猟の適正化に関する法律施行規則(平成14年環境省令第28号)の一部を次のように改める。
　第65条第12項中「次条第2項第1号」を「次条第3項第1号」に改める。
　第67条中「定める要件」を「定める損害の賠償に係る要件」に改め、同条を同条第2項とし、同条に第1項として次の1項を加える。
　法第58条第3号の環境省令で定める危害の防止に係る要件は、前条第1項に基づく適切な区分に従い狩猟者登録を受けることとする。
　　　附　則
　この省令は、平成20年2月21日から施行する。

○鳥獣の保護及び狩猟の適正化に関する法律施行規則（新旧対照条文）

鳥獣の保護及び狩猟の適正化に関する法律施行規則（平成14年環境省令第28号）（抄）

改正後	改正前
（狩猟者登録の申請等）	（狩猟者登録の申請等）
第65条	**第65条**
1～11　（略）	1～11　（略）
12　次条第<u>3</u>項第1号に掲げる区別に係る登録を受けた者は、その登録に係る狩猟免許について同1登録年度内において既に同項第2号に掲げる区別に係る登録を受けていたときは、当該登録に係る狩猟者登録証及び狩猟者記章を、速やかに交付を受けた都道府県知事に返納しなければならない。	12　次条第<u>2</u>項第1号に掲げる区別に係る登録を受けた者は、その登録に係る狩猟免許について同1登録年度内において既に同項第2号に掲げる区別に係る登録を受けていたときは、当該登録に係る狩猟者登録証及び狩猟者記章を、速やかに交付を受けた都道府県知事に返納しなければならない。
13　（略）	13　（略）
（狩猟により生ずる危害の防止又は損害の賠償に係る要件）	（狩猟により生ずる危害の防止又は損害の賠償に係る要件）
第67条　<u>法第58条第3号の環境省令で定める危害の防止に係る要件は、前条第1項に基づく適切な区分に従い狩猟者登録を受けることとする。</u>	**第67条**　<u>法第58条第3号の環境省令で定める要件は、次の各号のいずれかに該当することとする。</u>
<u>2　法第58条第3号の環境省令で定める損害の賠償に係る要件は、次の各号のいずれかに該当することとする。</u>	
（1）　狩猟に関する事業を行う民法（明治29年法律第89号）第34条の規定により設立された法人であって、環境大臣が指定するものが行う共済事業（狩猟に起因する事故	（1）　狩猟に関する事業を行う民法（明治29年法律第89号）第34条の規定により設立された法人であって、環境大臣が指定するものが行う共済事業（狩猟に起因する事故

改正後	改正前
のために他人の生命又は身体を害したことによって生じた法律上の損害賠償責任を負うことによって被る損害に係るものであって、給付額が3,000万円以上であるものに限る。）の被共済者であること。 (2) 損害保険会社が損害の填補を約する損害保険契約（狩猟に起因する事故のために他人の生命又は身体を害したことによって生じた法律上の損害賠償責任を負うことによって被る損害に係るものであって、保険金額が3,000万円以上であるものに限る。）の被保険者であること。 (3) 前2号に準ずる資力信用を有すること。	のために他人の生命又は身体を害したことによって生じた法律上の損害賠償責任を負うことによって被る損害に係るものであって、給付額が3,000万円以上であるものに限る。）の被共済者であること。 (2) 損害保険会社が損害の填補を約する損害保険契約（狩猟に起因する事故のために他人の生命又は身体を害したことによって生じた法律上の損害賠償責任を負うことによって被る損害に係るものであって、保険金額が3,000万円以上であるものに限る。）の被保険者であること。 (3) 前2号に準ずる資力信用を有すること。

○第168回国会衆議院農林水産委員会委員会決議

〔平成19年12月11日〕

　鳥獣による農林水産業等に係る被害の防止に関する件

　農山漁村地域において鳥獣による農林水産業等への被害が深刻化しており、これに対処することが農林水産業の発展及び農山漁村地域の振興に際して緊急の課題となっている。

　よって、政府及び地方公共団体は、鳥獣による農林水産業等に係る被害の防止のための特別措置に関する法律の施行に当たっては、鳥獣による農林水産業等に係る被害の防止を適切かつ効果的に実施するためには、その関連する業務に携わる者が鳥獣の習性等鳥獣による農林水産業等に係る被害の防止に関する事項について知識経験を有していることが重要であることにかんがみ、研修の機会の提供、技術的指導を行う者の育成その他の当該業務に携わる者の資質の向上を図るために必要な措置を適切に講ずるべきである。

　右決議する。

○第168回国会参議院農林水産委員会附帯決議

〔平成19年12月13日〕

鳥獣による農林水産業等に係る被害の防止のための特別措置に関する法律案に対する附帯決議

　農山漁村地域において鳥獣による農林水産業等への被害が深刻化しており、これに対処することが農林水産業の発展及び農山漁村地域の振興に際して緊急の課題となっている。
　よって、政府及び地方公共団体は、本法の施行に当たり、次の事項の実現に万全を期すべきである。
一　鳥獣による農林水産業等に係る被害の防止を適切かつ効果的に実施するためには、その関連する業務に携わる者が鳥獣の習性等鳥獣による農林水産業等に係る被害の防止に関する事項について知識経験を有していることが重要であることにかんがみ、研修の機会の提供、技術的指導を行う者の育成その他の当該業務に携わる者の資質の向上を図るために必要な措置を適切に講ずること。
　右決議する。

○地方税法抜粋（狩猟税関係）

（狩猟税の税率）

第700条の52　狩猟税の税率は、次の各号に掲げる者に対し、それぞれ当該各号に定める額とする。

一　第一種銃猟免許に係る狩猟者の登録を受ける者で、次号に掲げる者以外のもの　16,500円

二　第一種銃猟免許に係る狩猟者の登録を受ける者で、当該年度の道府県民税の所得割額を納付することを要しないもののうち、第23条第1項第7号に規定する控除対象配偶者又は同項第8号に規定する扶養親族に該当する者（農業、水産業又は林業に従事している者を除く。）以外の者　11,000円

三　網猟免許又はわな猟免許に係る狩猟者の登録を受ける者で、次号に掲げる者以外のもの　8,200円

四　網猟免許又はわな猟免許に係る狩猟者の登録を受ける者で、当該年度の道府県民税の所得割額を納付することを要しないもののうち、第23条第1項第7号に規定する控除対象配偶者又は同項第8号に規定する扶養親族に該当する者（農業、水産業又は林業に従事している者を除く。）以外の者　5,500円

五　第二種銃猟免許に係る狩猟者の登録を受ける者　5,500円

2　狩猟者の登録が次の各号に掲げる登録のいずれかに該当する場合における当該狩猟者の登録に係る狩猟税の税率は、前項の規定にかかわらず、同項に規定する税率に当該各号に定める割合を乗じた税率とする。

一　放鳥獣猟区（鳥獣の保護及び狩猟の適正化に関する法律（平成14年法律第88号）第68条第2項第4号に規定する放鳥獣猟区をいう。次号において同じ。）のみに係る狩猟者の登録　4分の1

二　前号の狩猟者の登録を受けている者が受ける放鳥獣猟区及び放鳥獣猟区以外の場所に係る狩猟者の登録　4分の3

附　則

（狩猟税の税率の特例）

第32条の3　平成20年4月1日から平成25年3月31日までの間に受ける狩猟者の登録であって次に掲げるいずれかに該当するものに係る狩猟税の税率は、第700条の52第1項の規定にかかわらず、同項に規定する税率に2分の1を乗じた税率とする。

一　対象鳥獣捕獲員（鳥獣による農林水産業等に係る被害の防止のための特別措置に関する法律（平成19年法律第134号）第9条第5号の規定により読み

替えられた鳥獣の保護及び狩猟の適正化に関する法律第56条に規定する対象鳥獣捕獲員をいう。次号において同じ。）に係る狩猟者の登録
二　前号の狩猟者の登録（以下この号において「軽減税率適用登録」という。）を受けていた者が対象鳥獣捕獲員でなくなった場合において、その者が当該軽減税率適用登録に係る狩猟免許と同一の種類の狩猟免許について当該軽減税率適用登録の有効期限の範囲内の期間を有効期間とする狩猟者の登録を受けるときにおける当該狩猟者の登録

第3編　関係告示及び関係通知

○鳥獣による農林水産業等に係る被害の防止のための施策を実施するための基本的な指針

〔平成20年2月21日
　農林水産省告示第254号〕

目次
1　被害防止施策の実施に関する基本的な事項
　1　基本的な考え方
　2　被害の状況、鳥獣の生息状況等の調査及び被害原因の究明
　3　実施体制の整備
　4　鳥獣の捕獲等
　5　侵入防止柵の設置等による被害防止
　6　捕獲鳥獣の適正な処理
　7　国、地方公共団体等の連携及び協力
　8　研究開発及び普及
　9　人材育成
　10　特定鳥獣保護管理計画の作成又は変更
　11　生息環境の整備及び保全

2　被害防止計画に関する事項
　1　効果的な被害防止計画の作成推進
　2　鳥獣保護事業計画及び特定鳥獣保護管理計画との整合性
　3　被害防止計画に定める事項
　4　被害防止計画の実施状況の報告

3　その他被害防止施策を総合的かつ効果的に実施するために必要な事項
　1　国民の理解と関心の増進
　2　鳥獣の特性を考慮した適切な施策の推進
　3　農林漁業の振興及び農山漁村の活性化
　4　狩猟免許等に係る手続的な負担の軽減
　5　基本指針の見直し

1 被害防止施策の実施に関する基本的な事項

1 基本的な考え方

　鳥獣は、自然環境を構成する重要な要素の一つであり、それを豊かにするものであると同時に、国民の生活環境を保持・改善する上で欠くことのできない役割を果たしている。しかしながら、近年、イノシシ、ニホンジカ、ニホンザル、トド、カワウ等の生息分布域の拡大、農山漁村における過疎化や高齢化の進展による耕作放棄地の増加等に伴い、鳥獣による農林水産業に係る被害は、中山間地域等を中心に全国的に深刻化している状況にある。また、農山漁村地域における一部の鳥獣による人身への被害も増加傾向にある。

　加えて、鳥獣による農林水産業等に係る被害は、農林漁業者の営農意欲低下等を通じて、耕作放棄地の増加等をもたらし、これが更なる被害を招く悪循環を生じさせており、これらは集落の崩壊にもつながり得ることから、直接的に被害額として数字に現れる以上の影響を及ぼしているものと考えられる。

　このため、今般、鳥獣による農林水産業等に係る被害防止のための施策を総合的かつ効果的に推進し、農林水産業の発展及び農山漁村地域の振興に寄与することを目的として、鳥獣による農林水産業等に係る被害の防止のための特別措置に関する法律（平成19年法律第134号。以下「鳥獣被害防止特措法」という。）が制定されたところである。

(1) 被害の状況

　① 農作物被害

　　　農林水産業に多くの被害を及ぼしている鳥獣の捕獲数は、10年前と比較してイノシシは約5倍、ニホンジカは約3倍、ニホンザルは約2倍に増加している（平成16年度）にもかかわらず、各都道府県からの被害報告によると、近年、鳥獣による農作物の被害金額は200億円程度で高止まりしており、平成18年度の被害総額は約196億円となっている。これを種類別にみると、特に、イノシシ、ニホンジカ、ニホンザルによる被害金額が、獣類被害の約9割を占めている。

　② 森林被害

　　　各都道府県からの被害報告によると、鳥獣による森林被害面積は約5,100ha（平成18年度）で、被害形態としては、ニホンジカ、カモシカ等による幼齢木の食害、ニホンジカ、ツキノワグマ及びヒグマ（以下「クマ」と総称する。）等による樹皮剥ぎ被害などが多くなっている。近年の被害面積は5,000～8,000ha程度で推移しており、種類別にみると、ニホンジカ、カモシカ、クマの順番で被害が大きく、特にニホンジカによる被害が全体

の約6割を占めている。
　③　水産被害
　　　北海道等では、トドによる漁具の破損、漁獲物の食害等の被害が発生しており、北海道の調査によると、被害金額は北海道だけで毎年10億円以上となっている。また、近年、カワウの生息域が拡大するとともに、その生息数も増加しており、アユをはじめとした有用魚種の食害等が拡大している。
(2)　被害防止対策の基本的な考え方
　　これまで、都道府県の区域内においてその数が著しく増加し、農林水産業等に著しい被害を与えている鳥獣等については、鳥獣の保護及び狩猟の適正化に関する法律（平成14年法律第88号。以下「鳥獣保護法」という。）に基づき、都道府県知事が特定鳥獣保護管理計画（鳥獣保護法第7条第1項に規定する特定鳥獣保護管理計画をいう。以下同じ。）を作成し、人と鳥獣の軋轢の回避に向けて個体数管理、生息環境管理や被害防除対策等の総合的な保護管理対策が行われてきている。また、トドについては、漁業法（昭和24年法律第267号）に基づく管理対策が行われてきている。
　　一方、近年、鳥獣による農林水産業等に係る被害が全国的に深刻化していることに加え、被害の態様が各地域において異なり、効果的な被害防止対策を実施するためには地域主体の取組を推進することが効果的であることから、これまでの取組に加え、被害の状況を的確に把握しうる市町村及び地域の農林漁業者が中心となって被害対策に取り組む体制を早急に構築することが必要となっている。
　　このため、国及び地方公共団体は、鳥獣の生態や生息状況等の科学的知見を踏まえ、被害防止計画（鳥獣被害防止特措法第4条第1項に規定する被害防止計画をいう。以下同じ。）の作成を推進し、各地域において、農林水産業等に係る被害の防止のための捕獲及び侵入防止柵の設置その他鳥獣被害防止のための取組を総合的かつ計画的に推進する。また、地域の特性に応じ、生息環境の整備及び保全に資するための取組を推進するとともに、被害防止対策を講ずるに当たっては、生物の多様性の確保に留意する。
　　また、市町村が被害防止計画を作成するに当たっては、市町村は、都道府県知事に対し、鳥獣の生息状況及び生息環境等に関する情報の提供、被害防止対策に関する技術的助言等を求めることができ、都道府県は、鳥獣の生息状況及び生息環境等に関する情報の提供、被害防止対策に関する技術的助言等、必要な援助を行うよう努める。

また、国及び都道府県は、被害防止計画に基づき市町村が行う被害防止対策が円滑に実施されるよう、侵入防止柵や捕獲機材の導入、被害防止技術の開発及び普及、被害現場における技術指導者育成等について、必要な支援措置を講ずる。
 2　被害の状況、鳥獣の生息状況等の調査及び被害原因の究明
　(1)　鳥獣の生息状況及び生息環境の適確な把握
　　　鳥獣は、自然界で自由に行動することに加え、主な生息場所が急峻で複雑な地形であったり、植生により見通しが悪い場合も多く、生息数についてはある程度の幅を持った推定値となることはやむを得ないものの、被害防止対策を効果的かつ効率的に実施するためには、鳥獣の生息数を適確に把握することが重要である。このため、国及び地方公共団体は、生息環境、生息密度、捕獲数、繁殖率等のデータを種別、地域別に把握する等、鳥獣の生息数を適確に把握する取組を推進する。
　(2)　鳥獣による農林水産業等に係る被害状況の適確な把握
　　　被害防止対策を効果的かつ効率的に実施するためには、鳥獣の生息数と同様に、鳥獣による農林水産業等に係る被害を適確に把握することが重要である。このため、国及び都道府県は、市町村における鳥獣による被害状況の把握に際して、従来から行われている農林漁業者からの報告に基づく被害把握に加え、農林漁業団体や猟友会等の関係団体からの聞き取りや現場確認を推進すること等により、被害状況を適確に把握する取組を推進する。
　　　なお、被害の程度や場所、被害傾向の季節的変動等の把握が被害防止の観点から有効であることに鑑み、市町村は、可能な限りこれらについて把握するよう努めるものとする。
　(3)　調査結果の活用
　　　国及び地方公共団体は、被害の状況や鳥獣の生息状況等の調査結果を公表し、被害防止計画の作成等にこれらの調査結果が活用されるように努めるものとする。
　(4)　被害原因の究明
　　　被害防止対策の実施に当たっては、鳥獣による農林水産業等に係る被害の原因を分析し、取り組むべき課題を明らかにすることが重要である。このため、国及び都道府県は、鳥獣の生息状況及び生息環境に関する調査や、鳥獣による農林水産業等に係る被害に関する調査の結果等を踏まえつつ、被害の原因を究明するための取組を推進する。
 3　実施体制の整備

近年、農林漁業者の高齢化や狩猟者人口の減少等が進行していることに伴い、地域全体で被害防止対策に取り組むための体制を早急に整備することが重要である。

　このため、市町村において、市町村、農林漁業団体、猟友会、都道府県の普及指導機関等の関係機関で構成する被害防止対策協議会の組織化を推進するとともに、地域の実情に応じて、鳥獣被害対策実施隊（鳥獣被害防止特措法第9条第1項に規定する鳥獣被害対策実施隊をいう。以下同じ。）の設置を推進する。なお、市町村長が鳥獣被害対策実施隊の隊員を指名又は任命する場合には、被害防止対策への積極的な参加が見込まれる者を指名又は任命することとする。

　このうち、主として対象鳥獣（鳥獣被害防止特措法第4条第2項第2号に規定する対象鳥獣をいう。以下同じ。）の捕獲等に従事することが見込まれる隊員（以下「対象鳥獣捕獲員」という。）については、特段の事由により参加できない場合を除き、市町村長が指示した対象鳥獣の捕獲等に積極的に取り組むことが見込まれる者であって次の要件を満たすものの中から、市町村長が指名又は任命することとし、指名又は任命した市町村長は、対象鳥獣捕獲員に対し、その旨を証する書面を交付するものとする。

イ　銃猟による捕獲等を期待される対象鳥獣捕獲員（第1種銃猟免許又は第2種銃猟免許の所持者に限る。）にあっては、過去3年間に連続して狩猟者登録を行っており、対象鳥獣の捕獲等を適正かつ効果的に行うことができる者であること

ロ　網、わなによる捕獲等を期待される対象鳥獣捕獲員（網猟免許又はわな猟免許の所持者に限る。）にあっては、対象鳥獣の捕獲等を適正かつ効果的に行うことができる者であること

　なお、市町村長は、対象鳥獣捕獲員の狩猟免許が取り消されたとき、正当な理由なく市町村長が指示した対象鳥獣の捕獲等に参加しないと認められる場合等は、速やかに当該対象鳥獣捕獲員を解任するものとする。

4　鳥獣の捕獲等
(1) 市町村職員や農林漁業団体の職員等による捕獲体制の構築

　　農林水産業等に被害を及ぼす鳥獣について、当該鳥獣の生態や生息状況等を踏まえつつ、適正な数の捕獲を行うことは、被害防止のために不可欠である。

　　農林水産業等に被害を及ぼす鳥獣の捕獲については、猟友会への委託等を中心として実施されてきたが、近年、狩猟者人口の減少や高齢化等が進行していることから、これに対応した新たな捕獲体制を早急に確立することが必

要となっている。このため、国及び地方公共団体は、従来の取組に加え、市町村や農林漁業団体の職員等を新たな捕獲の担い手として育成する取組を推進する。

なお、捕獲に際しては、鳥獣保護法、文化財保護法（昭和25年法律第214号）等の関係法令を遵守すべきことについて周知を図る。また、鳥獣の保護及び狩猟の適正化に関する法律の一部を改正する法律（平成18年法律第67号）により、網・わな猟免許が網猟免許とわな猟免許に分離され、わな猟に関する狩猟免許取得の負担が軽減されたこと、また、特にイノシシについては箱わなが効果的であるという報告があること等を踏まえ、安全で効果的な箱わな等による捕獲を推進する。
(2) 各地域の猟友会の連携強化

市町村や農林漁業団体の職員等による捕獲体制の構築を推進する一方、猟友会については、引き続き、各地域における捕獲の担い手としての役割が期待される。しかしながら、地域によっては、猟友会の会員が減少しているにもかかわらず、他の地域の猟友会との連携が不十分と認められる場合がある。

このため、国及び地方公共団体は、各地域の猟友会の連携を強化し、各地域の猟友会が連携した捕獲体制の構築を推進する。

5 侵入防止柵の設置等による被害防止
(1) 効果的な侵入防止柵の設置

各地域においては、侵入防止柵の設置等により農地や森林への鳥獣の侵入を防止する取組が多く実施されているものの、個人を単位とした点的な対応にとどまり、地域全体として十分な侵入防止効果が得られていない事例や、侵入防止柵の設置後の管理が不十分であるために、その効果が十分発揮されていない事例等が見られるところである。

このため、国及び地方公共団体は、市町村等地域全体による組織的な対応のほか、複数の都道府県及び市町村が連携した広域的な侵入防止柵の設置を推進するとともに、地域の農林業者等に対して、侵入防止柵の適切な設置方法や維持管理手法の普及等を推進する。
(2) 追払い活動等の推進

鳥獣の被害防止対策を進めるに当たっては、(1)による侵入防止柵の設置等に加え、特にニホンザルやカワウ等については、追払い活動や追上げ活動を行うことが有効である。

このため、国及び地方公共団体は、追払い犬の育成や、電波発信機を活用した追払い活動等を推進する。特に、追払い犬については、平成19年11月に

家庭動物等の飼養及び保管に関する基準（平成14年環境省告示第37号）が改正され、適正なしつけ及び訓練がなされていること等を条件として、鳥獣による被害を防ぐ目的での犬の放飼いが認められたことも踏まえつつ、その活用を推進する。

なお、追払い活動等の実施に当たっては、他の地域に被害が拡大しないよう、近隣の地域との連携・協力に努める。
(3) 鳥獣を引き寄せない取組の推進

被害防止対策を効果的に実施するためには、人と鳥獣の棲分けを進め、ほ場や集落を鳥獣のえさ場としないことが重要である。このため、市町村等は、食品残さの管理の徹底、放任果樹の除去、鳥獣のえさ場や隠れ場所となる耕作放棄地の解消等を推進する。
6 捕獲鳥獣の適正な処理

捕獲した鳥獣については、山野に放置しない等適切に処理を行う必要があるが、その処理については、鳥獣の捕獲数増加に伴う環境への悪影響、狩猟者の高齢化による埋設作業の負担増加、適切な処理施設の不足等が問題となっている場合がある。このため、国及び地方公共団体は、捕獲鳥獣の適切な処理方法の普及等を推進する。

また、被害防止対策を持続的に実施する観点から、国及び地方公共団体は、捕獲した鳥獣を地域資源として捉え、安全性を確保しつつ、肉等の加工、販売等を通じて地域の活性化につなげる取組を推進する。この際、捕獲した鳥獣を活用する取組を持続的に実施することが可能となるよう、捕獲活動と加工・販売を一体的かつ安定的に実施する体制の構築を推進する。
7 国、地方公共団体等の連携及び協力
(1) 農林水産部局と鳥獣保護部局等との連携

鳥獣による農林水産業等に係る被害を防止するためには、農林水産業の振興の観点のみならず、農山漁村の活性化、鳥獣の保護管理等総合的な観点から対策を講じることが必要である。このため、国及び地方公共団体は、農林水産業及び農山漁村の振興に関する業務を担当する部局と鳥獣の保護及び管理に関する業務を担当する部局等が緊密に連携して、被害防止対策を実施することとする。

なお、国においては、鳥獣による農林水産業等に係る被害に対応するため、平成4年から、農林水産省、環境省、文化庁及び警察庁による関係省庁連絡会議を設置しているところであるが、被害防止対策をより効果的かつ総合的に実施する観点から、当該連絡会議の充実強化を推進する。

(2) 地方公共団体相互の広域的な連携

鳥獣は、市町村や都道府県の区域にかかわらず、自然界で自由に行動することから、被害防止対策においては、鳥獣の行動域に対応して、広域的な取組を行うことも効果的である。

このため、地方公共団体は、地域の状況を踏まえ、必要に応じて近接する地方公共団体と相互に連携協力しつつ、被害防止対策を実施することとする。

(3) 地方公共団体と農林漁業団体等の連携

鳥獣による農林水産業等に係る被害を防止するためには、市町村等を中心として、当該地域の農林漁業団体との緊密な連携協力の下、地域が主体となって対策に取り組むことが重要である。

このため、地方公共団体は、農林漁業団体、猟友会、都道府県の普及指導機関等の関係機関で構成する被害防止対策協議会の組織化を推進するなど、農林漁業団体等と連携して、被害防止対策を推進する。

(4) 農林漁業団体等の協力

農林漁業団体等は、自主的に被害防止対策に取り組むとともに、国及び地方公共団体が講じる被害防止対策に積極的に協力するよう努める。

8 研究開発及び普及

被害防止対策の実効性を上げるためには、鳥獣の生態や行動特性に基づく総合的な被害防止技術を、各地域の被害の実情に合わせて構築していくことが必要である。

このため、国及び都道府県は、効果的な捕獲技術及び防除技術並びに生息数推計手法等の研究開発を推進するとともに、これら研究成果を活用した被害防止対策マニュアルの作成や普及指導員の活用等により、被害防止技術の迅速かつ適切な普及を推進する。

9 人材育成

鳥獣の種類や被害の態様等を踏まえつつ、地域条件に応じた被害防止対策を効果的に行うためには、被害防止対策に携わる者が鳥獣の習性、被害防止技術、鳥獣の生息環境管理等について専門的な知識経験を有していることが重要である。

このため、国及び地方公共団体は、研修の機会の確保、被害防止に係る各種技術的指導を行う者の育成その他の被害防止対策に携わる者の資質の向上を図るために必要な措置を講ずるものとする。この際、技術的指導を行う者については、普及指導員をはじめ、農業協同組合の営農指導員、森林組合職員、水産業協同組合職員、農業共済団体職員等の積極的な活用を図る。

さらに、国は、市町村等がこれらの措置を講ずるに当たっての技術面での支援を行う観点から、研究者等の被害防止対策の専門家を登録し、地域からの要請に応じて紹介する取組を推進する。
　また、近年、野生鳥獣の生態や行動等について専攻する学生数も増加していることから、国及び都道府県は、インターンシップ制度や長期研修の受入れ等を通じて、大学との連携強化を推進する。

10　特定鳥獣保護管理計画の作成又は変更

　鳥獣による農林水産業等に係る被害の防止を効果的に行うためには、鳥獣の生態や生息状況等の科学的な知見に基づいて、計画的に被害防止対策を進めていくことが必要である。この場合、特定鳥獣保護管理計画制度を有効に活用することが重要であり、都道府県においては、当該都道府県の区域内における被害防止計画の作成状況等を踏まえ、必要に応じて特定鳥獣保護管理計画の作成や変更に努めるものとする。

11　生息環境の整備及び保全

　被害防止対策を実施するに当たっては、人と鳥獣の棲み分けを進めるほか、鳥獣の生息環境の整備及び保全を進めることが重要である。
　このため、国及び地方公共団体は、鳥獣との共存に配慮し、地域の特性に応じ、間伐や広葉樹林の育成等による多様で健全な森林の整備・保全、鳥獣保護区の適切な管理その他の鳥獣の良好な生息環境の整備及び保全に資する取組を進める。

2　**被害防止計画に関する事項**

　市町村は、被害防止対策協議会等の関係者からの意見を聴取し、必要に応じて都道府県や専門家からの情報の提供や技術的な助言を受けつつ、当該市町村を対象地域として、被害防止対策の実施体制や、被害を及ぼす鳥獣の捕獲、侵入防止柵の設置等の被害防止対策を明らかにした、被害防止計画の作成を推進する。
　その際、鳥獣の生態や生息状況等の科学的な知見を踏まえた総合的かつ効果的な被害防止対策の実施が図られるよう、対策の適切な組合せに留意するとともに、対策の実施効果を踏まえ、被害対策の柔軟な運用が図られることが重要である。

1　効果的な被害防止計画の作成推進

　効果的な被害防止対策を実施するためには、個人を中心とした対応ではなく、鳥獣の行動域に対応して市町村等地域全体で取り組むことが必要である。この

場合、鳥獣は自然界で自由に行動することから、必要に応じて近接する複数の市町村が連携して広域的に対策を実施することが効果的である。このため、市町村は、必要に応じて、地域の状況を踏まえ、複数の市町村が相互に連携して、被害防止計画を共同して作成するよう努める。

また、鳥獣は、市町村の区域のみならず、都道府県の区域を超えて生息している場合もあることから、市町村は、地域の状況に応じて、都道府県の区域を超えて、複数の市町村が共同して被害防止計画を作成することができるものとする。この場合、鳥獣被害防止特措法第4条第5項前段の規定に基づく都道府県知事の協議については、当該被害防止計画に係る全ての都道府県知事に対して行う。

2 鳥獣保護事業計画及び特定鳥獣保護管理計画との整合性

市町村が被害防止計画を作成するに当たっては、鳥獣保護事業計画（鳥獣保護法第4条第1項に規定する鳥獣保護事業計画をいう。以下同じ。）（特定鳥獣保護管理計画が定められている都道府県の区域内の市町村の被害防止計画にあっては、鳥獣保護事業計画及び特定鳥獣保護管理計画）との整合性が保たれるよう、当該市町村が存する都道府県における鳥獣の生息状況や、都道府県が実施する鳥獣の保護管理対策の実施状況について、十分留意するものとする。

なお、都道府県は、市町村から鳥獣被害防止特措法第4条第5項前段の規定に基づく被害防止計画の協議があった場合には、鳥獣保護事業計画及び特定鳥獣保護管理計画との整合性に十分配慮しつつ、市町村が被害の実情に精通していることを踏まえて、当該協議を行うものとする。

3 被害防止計画に定める事項

被害防止計画においては、次に揚げる事項を定めるものとする。

(1) 鳥獣による農林水産業等に係る被害の防止に関する基本的な方針

① 被害の現状及び被害の軽減目標

当該市町村において被害を及ぼしている鳥獣の種類、被害を受けている品目の種類、被害金額、被害の発生時期等の被害の現状を記載する。また、被害の現状を踏まえ、被害防止計画の目標年度における被害金額等の被害軽減目標を記載する。

② 従来講じてきた被害防止対策

従来、当該市町村において講じてきた捕獲、侵入防止柵の設置等に係る被害防止対策と、被害防止を図る上でさらに取り組むべき課題について記載する。

③ 今後の取組方針

被害の現状、被害の軽減目標、従来講じてきた被害防止対策等を踏まえ、被害防止対策に係る課題を明らかにした上で、当該市町村における今後の被害防止対策の取組方針について記載する。
(2) 対象鳥獣の種類
　　対象鳥獣の種類は、当該市町村の区域において、農林水産業等に係る被害の原因となっている鳥獣であって、市町村長が早急にその被害を防止するための対策を講じるべきと判断した鳥獣とする。
(3) 被害防止計画の期間
　　被害防止計画の期間は３年程度とする。なお、計画の期間内であっても、農林水産業に係る被害状況等に大きな変化が生じた場合は、必要に応じて計画の改定等を検討するものとする。
(4) 対象鳥獣の捕獲等に関する事項
　① 対象鳥獣の捕獲体制
　　　捕獲機材の導入、鳥獣被害対策実施隊における対象鳥獣捕獲員等の捕獲の担い手の確保、農林漁業者による狩猟免許の取得促進等、対象鳥獣の捕獲体制の構築に関する取組について記載する。
　② 対象鳥獣の捕獲計画
　　　近年の捕獲実績や生息状況、被害の発生時期等を踏まえて、対象鳥獣の毎年度の捕獲計画数等とその設定の考え方、捕獲手段等の具体的な取組について記載する。
　③ 許可権限委譲事項
　　　被害防止計画に許可権限委譲事項（鳥獣被害防止特措法第４条第３項に規定する許可権限委譲事項をいう。）を記載する場合は、捕獲許可権限の委譲を希望する対象鳥獣の種類を記載する。
　　　都道府県知事は、許可権限委譲事項について鳥獣被害防止特措法第４条第５項後段の規定に基づく同意を求められている場合には、ツキノワグマ等都道府県によっては生息数が著しく減少している鳥獣や、単独の市町村や都道府県のみでは適切な保護が困難な鳥獣であって、捕獲等を進めることにより絶滅のおそれがある鳥獣など、鳥獣の保護を図る上で著しい支障が生じるおそれがある場合等を除き、原則として同意をするものとする。
(5) 防護柵の設置その他の対象鳥獣の捕獲等以外の被害防止施策に関する事項
　　侵入防止柵の設置及び管理に関する取組に加え、緩衝帯の設置、鳥獣の隠れ場所となる藪の刈払い等里地里山の整備及び保全、牛等の放牧、犬等を活用した追払い活動、放任果樹の除去、被害防止に関する知識の普及等、当該

市町村が行う取組の内容及び毎年度の実施計画について記載する。
(6) 被害防止施策の実施体制に関する事項
　① 被害防止対策協議会に関する事項
　　　市町村、農林漁業団体、猟友会、都道府県の普及指導機関等の関係機関で構成する被害防止対策協議会を設置している場合は、その名称及び被害防止対策において、当該協議会の各構成機関が果たすべき役割について記載する。
　② 関係機関に関する事項
　　　対策協議会の構成機関以外に、研究機関やＮＰＯ等の関係機関と連携して被害防止対策を実施する場合は、それらの関係機関が果たすべき役割について記載する。
　③ 鳥獣被害対策実施隊に関する事項
　　　市町村が鳥獣被害対策実施隊を設置する場合には、鳥獣被害対策実施隊が行う被害防止施策、鳥獣被害対策実施隊の規模及び構成その他鳥獣被害対策実施隊の設置・運営について必要な事項を記載する。
　④ 自衛隊への協力要請に関する事項
　　　自衛隊法（昭和29年法律第165号）第100条の規定に基づき、自衛隊に対して侵入防止柵の設置又は緩衝帯の整備について協力を求める場合（例えば、侵入防止柵の設置に先立ち建設機械を用いる比較的大きな造成工事等が必要になる場合又は建設機械を用いて緩衝帯を整備する場合）には、自衛隊に協力を求める内容について記載する。
　　　ただし、自衛隊への協力要請については、事前に、農林漁業者自らによる工事の施行、建設業者への委託等、他の手段による対応の可能性について検討を行い、必要に応じて、都道府県、国に対して、技術的な助言その他必要な援助を求めた上で、なお、過疎化、高齢化等により他の手段による被害防止対策の実施が困難と判断された場合において、自衛隊による対応の可否を確認した上で、これを行うものとする。
(7) 捕獲等をした対象鳥獣の処理に関する事項
　　肉としての利活用、鳥獣の保護管理に関する学術研究への利用、適切な処理施設での焼却、捕獲現場での埋設等、捕獲等をした鳥獣の処理方法について記載する。
　　この場合、捕獲等をした鳥獣の肉としての利活用等を推進する場合は、安全性確保の取組等についても記載する。
(8) その他被害防止施策の実施に関し必要な事項

その他被害防止施策の実施に関し必要な事項について記載する。
4 被害防止計画の実施状況の報告
　被害防止対策を効果的に実施するためには、市町村が作成した被害防止計画に基づく取組の実施状況を都道府県に報告し、特定鳥獣保護管理計画の作成又は計画の見直しに役立てる等、都道府県と市町村が連携して対策を実施することが重要である。
　このため、市町村は、鳥獣被害防止特措法第4条第10項の規定に基づき、毎年度、被害防止計画に基づく鳥獣の捕獲数、被害防除や生息環境整備の取組その他被害防止計画の実施状況について、都道府県知事に報告するものとする。

3　その他被害防止施策を総合的かつ効果的に実施するために必要な事項
1　国民の理解と関心の増進
　被害防止対策の実施に当たっては、農林漁業者のみならず、国民全体に、鳥獣の習性、被害防止技術、鳥獣の生息環境管理等に関する正しい知識の普及や、被害の現状及び原因についての理解の浸透を図ることが重要である。
　このため、国及び地方公共団体は、関係機関やNPO等とも連携を図りつつ、鳥獣による農林水産業及び生態系等に関する被害の実態についての情報提供や、鳥獣への安易な餌付けを実施しない等、人と鳥獣の適切な関係の構築に関する理解を深めるための取組を推進する。
　この際、被害防止対策は、科学的知見に基づいて実施するものであり、特に捕獲による個体数管理については、農林水産業等に係る被害の防止だけでなく、生態系保全の観点からも重要であることについて、国民の理解を得られるよう、情報提供を行うものとする。
2　鳥獣の特性を考慮した適切な施策の推進
　近年、イノシシ、ニホンジカ、ニホンザル等の生息分布域の拡大等により、鳥獣による農林水産業等に係る被害が全国的に深刻化している一方で、ツキノワグマ等、地域的に個体数が著しく減少している鳥獣が存在する。
　このため、国及び地方公共団体は、被害防止対策を講ずるに当たって、健全な生態系の維持を通じた生物の多様性の確保に留意するとともに、都道府県によっては生息数が著しく減少している鳥獣や、単独の市町村や都道府県のみでは適切な保護が困難な鳥獣であって、捕獲等を進めることにより絶滅のおそれがある鳥獣等については、当該鳥獣の特性を考慮し、鳥獣の良好な生息環境の整備、保全等を推進することにより、その保護が図られるよう十分配慮するものとする。

3　農林漁業の振興及び農山漁村の活性化

　　国及び地方公共団体は、被害防止施策の推進と相まって、農林漁業及び関連する産業の振興等を図ることにより、安全にかつ安心して農林水産業を営むことができる活力ある農山漁村地域の実現を図る。

4　狩猟免許等に係る手続的な負担の軽減

　　狩猟は、鳥獣の個体数管理に重要な役割を果たす一方で、狩猟者の減少及び高齢化の進行等のため、狩猟者の確保が課題となっている。

　　このため、国及び地方公共団体は、狩猟者の確保に資するよう、狩猟免許等に係る手続の迅速化、狩猟免許試験の休日開催や複数回開催等、狩猟免許等に係る手続的な負担の軽減を図るための取組を推進する。

5　基本指針の見直し

　　この基本指針は、鳥獣被害防止特措法で示された被害防止施策の実施に関する基本的な事項に従い、基本指針の策定時点での諸情勢に対応して、今後5年程度を見通して策定したものであるが、今後、鳥獣による農林水産業等に係る被害の発生状況、鳥獣の生息状況等が大きく変化する可能性がある。

　　このため、この基本指針については、鳥獣による農林水産業等に係る被害を防止するための施策の実施状況等を踏まえつつ、見直しの必要性や時期等を適時適切に検討するものとする。

○鳥獣による農林水産業等に係る被害の防止のための特別措置に関する法律に基づく被害防止計画の作成の推進について

〔平成20年2月21日〕
〔19生産第8422号〕

農林水産省生産局長通知

　鳥獣による農林水産業等に係る被害の防止のための特別措置に関する法律（平成19年法律第134号。以下「法」という。）が平成20年2月21日に施行され、同日、鳥獣による農林水産業等に係る被害の防止のための施策を実施するための基本的な指針（平成20年農林水産省告示第254号。以下「基本指針」という。）が公表されたところである。

　法においては、市町村は被害防止施策を総合的かつ効果的に実施するため、基本指針に即して、単独で又は共同して、被害防止計画（法第4条第1項に規定する被害防止計画をいう。以下同じ。）を定めることができるとされたところである。

　この度、被害防止計画の円滑な作成及び実施に資するよう、別添のとおり、被害防止計画の作成に当たっての留意事項を定めたので、貴職管内の都道府県、市町村及び関係団体に対し周知願いたい。

　なお、被害防止計画の様式については、別記様式第1号を参考にされたい。

(別添)

被害防止計画の作成に当たっての留意事項について

1 記入に当たっての留意事項
　被害防止計画の作成に当たっては、次に掲げる内容について記入するものとする。
　なお、別記様式第1号の3から7までに係る事項については、必ずしも全ての事項を記入する必要はなく、被害防止計画を作成する市町村（以下「当該市町村」という。）が取り組む事項のみを記入すればよいものとする。
(1) 対象鳥獣の種類及び被害防止計画の期間等
　① 対象鳥獣
　　当該市町村の区域内において、農林水産業等に係る被害の原因となっている鳥獣であって、市町村長が早急にその被害を防止するための対策を講じるべきとして判断した鳥獣種（以下「対象鳥獣」という。）を記入する。
　　なお、対象鳥獣については複数の種類を記入できる。
　② 計画期間
　　計画期間は3年程度とする。なお、この場合の年単位は、毎年4月1日から翌年3月31日までの1年間とする。
　③ 対象地域
　　対象地域は、単独又は共同で被害防止計画を作成する全ての市町村名を記入する。
(2) 鳥獣による農林水産業等に係る被害の防止に関する基本的な方針
　① 被害の現状
　　当該市町村において、被害を及ぼしている鳥獣の種類、被害を受けている品目の種類、それらの被害金額、被害面積（被害面積については、水産業に係る被害を除く。以下同じ。）等を記入する。
　② 被害の傾向
　　被害防止対策の実施に当たっては、地域全体で被害についての共通認識を形成することが重要であることから、当該市町村において、被害の発生時期、被害の発生場所、被害地域の増加傾向等の被害の現状について、必要に応じ地図等を活用しつつ、記入するよう努める。
　③ 被害の軽減目標
　　①及び②を踏まえつつ、対象鳥獣ごとに、被害防止計画で定める計画期

間の最終年度における被害金額、被害面積等の被害軽減目標を記入する。
　　　この場合、複数の指標に係る目標を設定しても差し支えない。
　　④　従来講じてきた被害防止対策
　　　当該市町村において、直近３ヶ年程度に講じてきた捕獲体制の整備、捕獲機材の導入等の捕獲に関する取組、侵入防止柵の設置・管理、緩衝帯の設置、追上げ・追払い活動の実施、放任果樹の除去、鳥獣の習性、被害防止技術等に関する知識の普及等の被害防止対策について記入した上で、今後、被害防止対策を図る上で取り組むべき課題について記入する。
　　⑤　今後の取組方針
　　　被害の現状、従来講じてきた被害防止対策等を踏まえ、③で掲げる目標を達成するために必要な被害防止対策の取組方針について記入する。
　　　その際、必要に応じて、鳥獣による農林水産業等に係る被害の防除に関する専門家からの助言等を受け、取組の難易等について関係者全体で検討の上、地域として取り組む事項について、優先順位を明確にすることが望ましい。
(3)　対象鳥獣の捕獲等に関する事項
　①　対象鳥獣の捕獲体制
　　　鳥獣被害対策実施隊のうち対象鳥獣捕獲員の指名又は任命の状況、狩猟者団体への委託等による対象鳥獣の捕獲体制等を記入する。また、捕獲に関わる者のそれぞれの取組内容や役割について記入する。
　②　その他捕獲体制に関する取組
　　　捕獲機材の導入、鳥獣を捕獲する担い手の育成、確保等についての年度別取組内容について記入する。
　③　対象鳥獣の捕獲計画
　　　近年の対象鳥獣の捕獲実績、生息状況、農林水産業等に係る被害の発生時期、発生場所等を踏まえ、捕獲計画数等の設定の考え方、対象鳥獣の年度別捕獲計画数、わな等の捕獲手段、捕獲の実施予定時期、捕獲予定場所等を記入する。
　④　許可権限委譲事項
　　　許可権限委譲事項（法第４条第３項に規定する許可権限委譲事項をいう。以下同じ。）を記載する場合にあっては、捕獲許可権限の委譲を希望する対象鳥獣の種類を記入する。
(4)　防護柵の設置その他の対象鳥獣の捕獲等以外の被害防止施策に関する事項
　①　侵入防止柵の整備計画

　　　　対象鳥獣による農地等への侵入を防止するための防護柵について、設置する柵の種類、設置規模等についての年度別整備計画を記入する。
　　② その他被害防止に関する取組
　　　　侵入防止柵の適正な管理、緩衝帯の設置、鳥獣の隠れ場所となる藪の刈払い等里地里山の整備、犬等を活用した追上げ・追い払い活動、放任果樹の除去、被害防止に関する知識の普及等について、年度別取組内容を記入する。
(5) 被害防止施策の実施体制に関する事項
　① 被害防止対策協議会に関する事項
　　　　市町村、農林漁業団体、猟友会、都道府県の普及指導機関等の関係機関で構成する被害防止対策協議会を設置している場合にあっては、その名称、当該協議会を構成する関係機関等の名称及び被害防止対策として、各構成機関が果たすべき役割について記入する。
　② 関係機関に関する事項
　　　　対策協議会の構成機関以外に、研究機関、ＮＰＯ等の関係機関と連携して被害防止対策を実施する場合にあっては、関係機関の名称及びこれらの果たすべき役割を記入する。
　③ 鳥獣被害対策実施隊に関する事項
　　　　法第9条に基づき鳥獣被害対策実施隊を設置する場合にあっては、鳥獣被害対策実施隊が行う被害防止施策、鳥獣被害対策実施隊の規模及び構成その他鳥獣被害対策実施隊の設置、運営等について必要な事項を記入する。
　④ その他被害防止施策の実施体制に関する事項
　　　　その他被害防止施策の実施体制に関し必要な事項を記入する。
　　　　なお、自衛隊法（昭和29年法律第165号）第100条の規定に基づき、自衛隊による侵入防止柵の設置又は緩衝帯の整備に係る協力を求める内容について記入する場合は、事前に、農林水産省の補助事業等を活用した建設業者への委託等他の手段による対応の可能性について、地方農政局、関係地方自治体等に相談しつつ、検討を行うこととする。
(6) 捕獲等をした対象鳥獣の処理に関する事項
　　　肉としての利活用、鳥獣の保護管理に関する学術研究への利用、適切な処理施設での焼却、捕獲現場での埋設等、捕獲等をした鳥獣の処理方法を記入する。
　　　この場合、捕獲等をした鳥獣について、肉として利活用等する場合は、食品衛生に係る安全性確保の取組等についても記入する。

また、捕獲等をした鳥獣の処理加工施設等の整備計画についても記入する。
(7) その他被害防止施策の実施に関し必要な事項
(1)から(6)までのほか、その他被害防止施策の実施に関し必要な事項について記入する。

2 その他の留意事項
(1) 被害防止計画の公表
被害防止計画を公表する場合は、市町村の公報、市町村の事務所の掲示板、広報誌への掲載等により、その内容について広く周知することに努める。
なお、被害防止計画に許可権限委譲事項を記載した場合にあっては、鳥獣による農林水産業等に係る被害の防止のための特別措置に関する法律施行規則（平成20年農林水産省令第7号）に定めるところにより、市町村の公報への掲載その他所定の方法により、当該許可権限委譲事項又は当該許可権限委譲事項を含む当該被害防止計画の公告を行うものとする。
(2) 被害防止計画の実施状況の報告
市町村長は、対策実施年度の翌年度の6月末日までに、被害防止計画の実施状況について都道府県知事に報告するものとする。なお、その際の報告事項については、被害防止計画に記載する事項に準ずるものとする。

(別記様式第1号)

計画作成年度	
計画主体	

○○市鳥獣被害防止計画

＜連絡先＞
　担当部署名
　所在地
　電話番号
　ＦＡＸ番号
　メールアドレス

（注）1　共同で作成する場合は、すべての計画主体を掲げるとともに、代表となる計画主体には（代表）と記入する。
　　　2　被害防止計画の作成に当たっては、別添留意事項を参照の上、記入等すること。

1．対象鳥獣の種類、被害防止計画の期間及び対象地域

対象鳥獣	
計画期間	平成　　年度～平成　　年度
対象地域	

（注）1　計画期間は、3年程度とする。
　　　2　対象地域は、単独で又は共同で被害防止計画作成する全ての市町村名を記入する。

2．鳥獣による農林水産業等に係る被害の防止に関する基本的な方針
　（1）被害の現状（平成　　年度）

鳥獣の種類	被害の現状	
	品　目	被害数値

（注）主な鳥獣による被害品目、被害金額、被害面積（被害面積については、水産業に係る被害を除く。）等を記入する。

　（2）被害の傾向

（注）1　近年の被害の傾向（生息状況、被害の発生時期、被害の発生場所、被害地域の増減傾向等）等について記入する。
　　　2　被害状況がわかるようなデータ及び地図等があれば添付する。

　（3）被害の軽減目標

指標	現状値（平成　　年度）	目標値（平成　　年度）

（注）1　被害金額、被害面積等の現状値及び計画期間の最終年度における目標値を記入する。
　　　2　複数の指標を目標として設定することも可能。

第3編　関係告示及び関係通知　127

(4) 従来講じてきた被害防止対策

	従来講じてきた被害防止対策	課題
捕獲等に関する取組		
防護柵の設置等に関する取組		

(注) 1　計画対象地域における、直近3ヶ月程度に講じた被害防止対策と課題について記入する。
　　 2　「捕獲等に関する取組」については、捕獲体制の整備、捕獲機材の導入、捕獲鳥獣の処理方法等について記入する。
　　 3　「防護柵の設置等に関する取組」については、侵入防止柵の設置・管理、緩衝帯の設置、追上げ・追払い活動、放任果樹の除去等について記入する。

(5) 今後の取組方針

(注)　被害の現状、従来講じてきた被害防止対策等を踏まえ、被害軽減目標を達成するために必要な被害防止対策の取組方針について記入する。

3．対象鳥獣の捕獲等に関する事項
(1) 対象鳥獣の捕獲体制

(注) 1　鳥獣被害対策実施隊のうち対象鳥獣捕獲員の指名又は任命、狩猟者団体への委託等による対象鳥獣の捕獲体制を記入するとともに、捕獲に関わる者のそれぞれの取組内容や役割について記入する。
　　 2　対象鳥獣捕獲員を指名又は任命する場合は、その構成等が分かる資料があれば添付する。

(2) その他捕獲に関する取組

年度	対象鳥獣	取組内容

(注) 捕獲機材の導入、鳥獣を捕獲する担い手の育成・確保等について記入する。

(3) 対象鳥獣の捕獲計画

捕獲計画数等の設定の考え方

(注) 近年の対象鳥獣の捕獲実績、生息状況等を踏まえ、捕獲計画数等の設定の考え方について記入する。

対象鳥獣	捕獲計画数等		
	年度	年度	年度

(注) 対象鳥獣の捕獲計画数、個体数密度等を記入する。

捕獲等の取組内容

(注) 1 わな等の捕獲手段、捕獲の実施予定時期、捕獲予定場所等について記入する。
    2 捕獲等の実施予定場所を記した図面等を作成している場合は添付する。

(4) 許可権限委譲事項

対象地域	対象鳥獣

(注) 1　都道府県知事から市町村長に対する有害鳥獣捕獲等の許可権限の委譲を希望する場合は、捕獲許可権限の委譲を希望する対象鳥獣の種類を記入する（鳥獣による農林水産業等に係る被害の防止のための特別措置に関する法律（平成19年法律第134号。以下「法」という。）第4条第3項）。
　　　2　対象地域については、複数市町村が捕獲許可権限の委譲を希望する場合は、該当する全ての市町村名を記入する。

4．防護柵の設置その他の対象鳥獣の捕獲以外の被害防止施策に関する事項
　(1) 侵入防止柵の整備計画

対象鳥獣	整備内容		
	年度	年度	年度

(注) 1　設置する柵の種類、設置規模等について記入する。
　　　2　侵入防止柵の設置予定場所を記した図面等を作成している場合は添付する。

　(2) その他被害防止に関する取組

年度	対象鳥獣	取組内容

(注) 侵入防止柵の管理、緩衝帯の設置、里地里山の整備、追上げ・追払い活動、放任果樹の除去等について記入する。

5．被害防止施策の実施体制に関する事項
　(1)　被害防止対策協議会に関する事項

被害防止対策協議会の名称	
構成機関の名称	役割

（注）1　関係機関等で構成する被害防止対策協議会を設置している場合は、その名称を記入するとともに、構成機関欄には、当該協議会を構成する関係機関等の名称を記入する。
　　　2　役割欄には、各構成機関等が果たすべき役割を記入する。

　(2)　関係機関に関する事項

関係機関の名称	役割

（注）1　関係機関欄には、対策協議会の構成機関以外の関係機関等の名称を記入する。
　　　2　役割欄には、各関係機関等が果たすべき役割を記入する。
　　　3　被害防止対策協議会及びその他の関係機関からなる連携体制が分かる体制図等があれば添付する。

　(3)　鳥獣被害対策実施隊に関する事項

（注）法第9条に基づく鳥獣被害対策実施隊を設置している場合は、その規模、構成等を記入するとともに、実施体制がわかる体制図等があれば添付する。

　(4)　その他被害防止施策の実施体制に関する事項

（注）その他被害防止施策の実施体制に関する事項について記載する。

第3編　関係告示及び関係通知　131

６．捕獲等をした対象鳥獣の処理に関する事項

（注）　肉としての利活用、鳥獣の保護管理に関する学術研究への利用、適切な処理施設での焼却、捕獲現場での埋設等、捕獲等をした鳥獣の処理方法について記入する。

７．その他被害防止施策の実施に関し必要な事項

（注）　その他被害防止施策の実施に関し必要な事項について記入する。

○鳥獣による農林水産業等に係る被害の防止のための特別措置に関する法律の施行に伴う鳥獣の保護及び狩猟の適正化に関する法律等の運用について

〔平成20年 2月21日〕
〔環自野発第080221002号〕

環境省自然環境局長から各都道府県知事あて

　鳥獣による農林水産業等に係る被害の防止のための特別措置に関する法律（平成19年法律第134号。以下「鳥獣被害防止特措法」という。）が平成20年2月21日に施行され、同法第3条に基づく基本指針（平成20年農林水産省告示第254号。以下「鳥獣被害防止特措法基本指針」）が告示されたところであるが、併せて同日付で環境省関係鳥獣による農林水産業等に係る被害の防止のための特別措置に関する法律施行規則（平成20年環境省令第1号。以下「環境省関係特措法施行規則」という。）も施行された。
　これら関係法令の適切な運用に当たっては、これまでに発出された鳥獣の保護及び狩猟の適正化に関する法律（平成14年法律第88号。以下「鳥獣保護法」という。）に係る政省令及び各運用通知を参考にすることに加え、地方自治法（昭和22年法律第67号）第245条の4第1項の規定に基づき、下記のとおり技術的助言を行うこととするので、業務の参考とされるようお願いする。

記

1　被害防止計画の協議等にあたっての留意事項
　(1)　鳥獣保護事業計画及び特定鳥獣保護管理計画との整合性
　　　鳥獣被害防止特措法第4条第1項に基づき市町村が定める被害防止計画（以下「被害防止計画」という。）に係る同条第5項に基づく協議に際しては、鳥獣被害防止特措法基本指針に定められているとおり、鳥獣保護法第4条に基づく鳥獣保護事業計画及び同法第7条に基づく特定鳥獣保護管理計画との整合性が保たれるよう、当該市町村が存する都道府県における鳥獣の生息状況や都道府県が実施する鳥獣の保護管理対策の実施状況について十分留意されたい。
　(2)　許可権限の市町村への委譲の同意の判断
　　　鳥獣被害防止特措法第4条第5項に基づく同項第3項に規定する許可権限

委譲事項の協議に係る検討に当たっては、以下の点につき留意されたい。
① 都道府県知事は、被害防止計画が当該市町村の鳥獣による農林水産業等に係る被害の状況に基づいて作成される必要があり、かつ、当該市町村がその状況を的確に把握することができる立場にあることを踏まえ、協議を行うものとされていること。（鳥獣被害防止特措法第4条第6項関連）
② 各都道府県の区域内において当該許可権限委譲事項に係る対象鳥獣（被害防止計画において権限委譲の対象とされる鳥獣をいう。以下同じ。）の数が著しく減少しているとき、当該許可権限委譲事項に係る対象鳥獣について広域的に保護を行う必要があるときその他の各都道府県の区域内において当該許可権限委譲事項に係る対象鳥獣の保護を図る上で著しい支障を生じるおそれがあるときを除き、同項後段の同意をしなければならないこと。（鳥獣被害防止特措法第4条第7項関連）

(3) 許可権限の市町村への委譲の同意に際しての配慮

被害防止計画を作成し、鳥獣保護法第9条第1項の規定に基づき都道府県知事が行うこととされている対象鳥獣の捕獲等の許可に係る権限の委譲を受ける市町村の長への当該捕獲許可権限の委譲に当たっては、関係する鳥獣保護法の運用通知、本通知、今回別途発出される野生生物課長通知その他事務遂行上必要な事項について指導すること等により鳥獣保護法の運用につき遺漏無きよう留意されたい。

特に明確な許可基準による運用に係る「鳥獣の保護及び狩猟の適正化に関する法律の一部を改正する法律の施行等について」（平成19年3月23日付環自野発第070323003号）の「Ⅳ捕獲許可等」の記述については、市町村における鳥獣保護法の適確な運用の確保がなされるために重要である。

なお、鳥獣保護法第79条の規定は鳥獣被害防止特措法第6条で読み替えて適用されることから、都道府県知事は被害防止計画の作成市町村に対し鳥獣保護法第9条第1項等に規定する都道府県の事務を計画策定市町村が処理する場合において、鳥獣の保護を図るため必要があると認めるときは、当該市町村に対し、当該事務に必要な指示をすることができることとなっている。

(4) 特定鳥獣保護管理計画の作成又は変更

鳥獣被害防止特措法基本指針にあるとおり、鳥獣による農林水産業等に係る被害の防止を効果的に行うためには、鳥獣の生態や生息状況等の科学的な知見に基づいて、計画的に被害防止対策を進めていくことが必要である。この場合、特定鳥獣保護管理計画制度を有効に活用することが重要であり、都道府県においては、当該都道府県の区域内における被害防止計画の作成状況

等を踏まえ、必要に応じて特定鳥獣保護管理計画の作成や変更に努められたい。
(5) 被害防止施策を講じるに当たっての配慮
　鳥獣被害防止特措法第19条は、同法第4条4項に規定する被害防止計画と鳥獣保護事業計画等との整合性を図ること等による被害防止計画の作成段階からの配慮に加え、一部の地域におけるツキノワグマ等生息数が著しく減少している鳥獣や、単独の市町村や都道府県のみでは適切な保護が困難な鳥獣であって、捕獲等を進めることにより絶滅のおそれがあるものについては、被害防止計画の実施に際しても、鳥獣の特性を考慮した取組を進めるべきことを規定したものである。
　各都道府県におかれても、関係部局と密接な連携を図りつつ鳥獣の良好な生息環境の整備、保全、被害防除等を推進することにより、それらの保護が図られるよう更なる積極的な取組を推進するようお願いする。

2　適正な鳥獣の保護管理の推進に係る留意事項
　農山漁村において依然として野生鳥獣による農林水産業被害及び生活環境被害が深刻な状況にあることから、農林水産業等に係る被害防止施策を推進し、農林水産業の発展及び農山漁村地域の振興に寄与するため、鳥獣被害防止特措法がこの度制定されたところであるが、地域によっては農林水産業被害のみならず、著しく個体数が増加した鳥獣又は生息分布の拡大した鳥獣による貴重な植物群落の食害の発生、下層植生の消失による土壌流出など地域固有の生態系への被害が発生している状況にある。
　各都道府県におかれては、こうした状況に適切に対応し科学的知見に基づく計画的な鳥獣の保護管理を図るため、特定鳥獣保護管理計画の策定及びその適切な実施を推進するとともに、都道府県及び市町村等の関係者の連携による総合的かつ効果的な被害防止施策の実施等の取組の強化等に努めることにより、人と鳥獣との健全な関係の構築に向けた適正な鳥獣の保護管理を一層推進するようお願いする。

3　鳥獣の生息状況等の調査について
　鳥獣被害防止特措法の附則第3条の規定により、鳥獣保護法第78条の2が追加され、環境大臣及び都道府県知事は、鳥獣の生息の状況、その生息地の状況その他必要な事項について定期的に調査をし、その結果を、基本指針の策定又は変更、鳥獣保護事業計画の作成又は変更、この法律に基づく命令の改廃その

他この法律の適正な運用に活用するものとされたところである。
　定期的な調査については、国においても自然環境保全基礎調査等を推進する考えであるが、各都道府県におかれても本条文の趣旨を踏まえ、既存の調査の効率的な実施を含め、関係部局と緊密な連携を図りながら、鳥獣保護事業計画の作成又は変更等の運用に活用可能な、鳥獣の生息の状況、その生息地の状況その他必要な事項についての定期的な調査の推進をお願いする。

○鳥獣による農林水産業等に係る被害の防止のための特別措置に関する法律の施行に伴う鳥獣の保護及び狩猟の適正化に関する法律等の運用について

〔平成20年2月21日
環自野発第080221003号〕

環境省自然環境局野生生物課長から各都道府県鳥獣行政担当部（局）長あて

　標記については、平成20年2月21日付け環自野発第080221002号「鳥獣による農林水産業等に係る被害の防止のための特別措置に関する法律の施行に伴う鳥獣の保護及び狩猟の適正化に関する法律等の運用について」（以下「特措法関連局長通知」という。）をもって環境省自然環境局長から都道府県知事に通知されたところであるが、その運用について、地方自治法第245条の4第1項の規定に基づき、下記のとおり技術的助言を行うこととするので参考とされるようお願いする。
　また、都道府県知事は、鳥獣による農林水産業等に係る被害の防止のための特別措置に関する法律（平成19年法律第134号。以下「鳥獣被害防止特措法」という。）第4条第1項に規定する鳥獣による農林水産業等に係る被害を防止するための計画（以下「被害防止計画」という。）の策定及びその実施が円滑に行われるよう管下の市町村に対して、特措法関連局長通知及び本通知について、周知徹底を図るようお願いする。

記

1　被害防止計画の作成に係る協議等
(1)　鳥獣保護事業計画及び特定鳥獣保護管理計画との整合性
　　　鳥獣の保護及び狩猟の適正化に関する法律（平成14年法律第88号。以下「鳥獣保護法」という。）第4条に規定する鳥獣保護事業計画（同法第7条に規定する特定鳥獣保護管理計画が定められている都道府県の区域内の市町村の被害防止計画にあっては、鳥獣保護事業計画及び特定鳥獣保護管理計画）と被害防止計画は整合性が図られることとなっているが、当該被害防止計画における捕獲計画数の設定の考え方については被害防止計画に記されることになっているところであり、その設定の考え方の合理性の有無について適切に判断されたい。例えば単独又は複数の被害防止計画における捕獲計画数が特定鳥獣保護管理計画で設定されている保護管理の目標数を上回る場合、整合

性が取れているとは言えず、最新の生息状況等も踏まえ、被害防止計画に記す捕獲計画数の調整を図る等の措置が必要と考えられる。特定鳥獣保護管理計画又はそれに相当する計画等がない場合においては、農林水産業等に係る被害の実態を踏まえ、例えば鳥獣の保護を図るための事業を実施するための基本的な指針（平成19年環境省告示第3号）の「Ⅱ鳥獣保護事業計画の作成に関する事項」の「第四　鳥獣の捕獲等及び鳥類の卵の採取等の許可に関する事項」に示す被害等のおそれがある場合に実施する予察による有害鳥獣捕獲の考え方等を参考に適切に判断されたい。

(2) 許可権限の市町村への委譲の同意の判断

鳥獣被害防止特措法第4条第7項に規定する「対象鳥獣の数が著しく減少しているとき、当該許可権限委譲事項に係る対象鳥獣について広域的に保護を行う必要があるときその他の各都道府県の区域内において当該許可権限委譲事項に係る対象鳥獣の保護を図る上で著しい支障を生じるおそれ」とは、例えば一部の地域のツキノワグマ等のように各都道府県の区域内において、絶滅のおそれがあると判断される場合が該当すると考えられる。絶滅のおそれについては、環境省の絶滅のおそれのある野生生物の種のリストや各都道府県における絶滅のおそれのある野生生物の種のリストを参照しつつ、最新の生息状況を踏まえ慎重に検討する必要があることに留意されたい。

なお、被害防止計画において対象となる許可権限の委譲は、鳥獣被害防止特措法第1条の目的を踏まえ、同法第4条に規定されるとおり、「被害防止施策を総合的かつ効果的に実施するため」のものであることから、鳥獣保護法第9条に規定される目的のうち、鳥獣による生活環境、農林水産業に係る被害の防止の目的、特定鳥獣の数の調整の目的に限られることに留意されたい。

(3) 特定鳥獣保護管理計画の作成又は変更

特定鳥獣保護管理計画については、鳥獣被害防止特措法第4条第10項の規定により都道府県知事に報告される被害防止計画の実施状況の情報が同計画の効率的な実施や改訂等に活用されるよう措置されたい。

(4) 被害防止施策を講じるに当たっての配慮

一部の地域におけるツキノワグマ等生息数が著しく減少している鳥獣や、単独の市町村や都道府県のみでは適切な保護が困難な鳥獣であって、捕獲等

を進めることにより絶滅のおそれがある鳥獣について、単年度における捕獲が特定鳥獣保護管理計画等で設定されている鳥獣の数の調整数を超えた場合においては、最新の生息状況等も踏まえつつ、複数年での数の調整等により適切な鳥獣の保護管理が図られるよう配慮することとする。

2　対象鳥獣捕獲員に係る狩猟者登録

「対象鳥獣捕獲員に係る狩猟者登録」については、下記のとおり取り扱うものとする。

なお、下記事項については、計画作成市町村（鳥獣被害防止特措法第4条に規定する被害防止計画を作成した市町村。以下同じ。）及び狩猟者登録をしようとする対象鳥獣捕獲員に関わる事項であるため、これらの事項を都道府県の広報機関、計画作成市町村及び狩猟者団体等を通じて周知徹底を図られたい。

(1) 対象鳥獣捕獲員であることを証する証明書の申請及び交付

① 環境省関係鳥獣による農林水産業等に係る被害防止のための特別措置に関する法律施行規則（以下「環境省関係特措法施行規則」という。）第2条第2項に規定する別記様式「対象鳥獣捕獲員であることを証する証明書」の交付を受けようとする者は、市町村長に対して、本課長通知別記様式第1号により申請し交付を受けるものとする。

なお、「対象鳥獣捕獲員であることを証する証明書」にある「対象鳥獣の捕獲等に積極的に従事する者」とは、市町村長が対象鳥獣捕獲員として指名又は任命することについて同意し、かつ、市町村長が指示した対象鳥獣の捕獲等について、毎年度、10分の6以上従事（狩猟期間中においても10分の6以上従事）することを同意する者のことである。

② 市町村長は、「対象鳥獣捕獲員に係る狩猟者登録」を受けようとする者から、「対象鳥獣捕獲員であることを証する証明書」の交付申請を受けた場合は、速やかに当該証明書を交付するものとする。

(2) 対象鳥獣捕獲員に係る狩猟者登録における狩猟する場所の区分

「対象鳥獣捕獲員に係る狩猟者登録」を申請する場合、狩猟する場所の区別は、「都道府県の区域の全部」に限るものとする。

(3) 対象鳥獣捕獲員に係る狩猟者登録の申請ができる都道府県

「対象鳥獣捕獲員に係る狩猟者登録」は、鳥獣被害防止特措法第9条第5項の規定により読み替えて適用する鳥獣保護法第56条の規定により所属市町

村を管轄する都道府県知事以外の都道府県知事に対しては「対象鳥獣捕獲員に係る狩猟者登録」の申請ができないこととなっている。

(4) 対象鳥獣捕獲員の放鳥獣猟区の区域のみに係る狩猟者登録

　　対象鳥獣捕獲員が、放鳥獣猟区の区域のみに係る狩猟者登録を行う場合は、通常の放鳥獣猟区の区域のみに係る狩猟者登録の申請を行うものとする。また、当該登録を行った対象鳥獣捕獲員が、狩猟者登録を行った日から、その日の属する年の翌年の4月15日（狩猟者登録を行った日が1月1日から4月15日までに属するときは、その年の4月15日）までに、放鳥獣猟区以外の区域において狩猟を行おうとするための登録を行う場合は、新たに「対象鳥獣捕獲員に係る狩猟者登録」を行うものとする。

(5) 対象鳥獣捕獲員でない者の放鳥獣猟区の区域のみに係る狩猟者登録

　　対象鳥獣捕獲員でない者が、放鳥獣猟区の区域のみに係る狩猟者登録を行い、この登録後に対象鳥獣捕獲員となり、当該登録を行った日の属する年の翌年の4月15日（狩猟者登録を行った日が1月1日から4月15日までに属するときは、その年の4月15日）までに、放鳥獣猟区以外の区域に係る狩猟者登録を行う場合は、新たに「対象鳥獣捕獲員に係る狩猟者登録」を行うものとする。

3　対象鳥獣捕獲員に係る狩猟者登録の取消し等

　「対象鳥獣捕獲員に係る狩猟者登録」の取消し等については、下記のとおり取り扱うものとする。なお、下記事項については、計画作成市町村及び狩猟者登録をしようとする対象鳥獣捕獲員に関わる事項であるため、都道府県知事は、これらの事項を都道府県の広報機関、計画作成市町村及び狩猟者団体等を通じて周知徹底を図られたい。

(1) 対象鳥獣捕獲員が対象鳥獣捕獲員でなくなった際の通知

　　市町村長は、対象鳥獣捕獲員であることを証する証明書を交付した対象鳥獣捕獲員が、狩猟免許が取り消されたとき、正当な理由もなく市町村長が指示した対象鳥獣の捕獲等に参加しない等の理由により対象鳥獣捕獲員から解任された場合は、速やかに本課長通知別記様式第2号により、当該市長村が所属する都道府県知事へ通知するものとする。

(2) 対象鳥獣捕獲員に係る狩猟者登録の取消及び再度の狩猟者登録

　　都道府県知事は、毎年の登録期間（以下、毎年4月16日から翌年の4月15日の期間を指す。）ごとに、新規の登録として「対象鳥獣捕獲員に係る狩猟者登録」を行った者について、市町村長から当該登録者が狩猟者登録の有効期間中に対象鳥獣捕獲員から解任された旨の通知を受けとった場合は、直ちに鳥獣保護法第64条及び鳥獣保護法施行規則第67条第1項に基づき、当該狩猟者登録の取消しを行うものとする。

　　また、対象鳥獣捕獲員に係る狩猟者登録を取り消された者が、当該登録期間中に引き続き狩猟を行おうとする時は、鳥獣保護法第56条、環境省関係特措法施行規則第2条第3項及び鳥獣保護法施行規則第65条第1項の規定に基づく狩猟者登録の申請を行い、再び狩猟者登録を受けるものとする。

(3) 対象鳥獣捕獲員の登録の変更の届出

① 毎年の登録期間ごとに、新規の登録として通常の狩猟者登録（狩猟をする場所の区分が「都道府県の全部の区域」の登録に限る。）を行った者は、狩猟者登録の有効期間中に、対象鳥獣捕獲員となったとき、当該者が対象鳥獣捕獲員でなくなったとき又は所属市町村の変更があったときは、鳥獣被害防止特措法第9条第5項の読替えによる鳥獣保護法第61条第4項の規定により、遅滞なく登録都道府県知事に届出るものとする。

② 都道府県知事は、対象鳥獣捕獲員の変更の届出を受けた場合、遅滞なく当該登録を変更するものとする。

4　鳥獣被害防止特措法の施行に伴う様式の変更

　　環境省関係鳥獣による農林水産業等に係る被害の防止のための特別措置に関する法律施行規則の施行により平成19年3月23日環自野発第070323003号の局長通知Ⅷに基づく下記様式について必要な読替を行う。

　　読替える様式：現行野生生物課長通知の様式第3号、様式第5号、様式第8号、様式第9号

(別記様式第1号)

　　　　　　　　　　　　　　　　　　　　　　　　　年　　月　　日

　市町村長　殿

　　　　　　　　　　　　　　申請者の住所及び氏名（記名押印又は署名）

　　　　　　　対象鳥獣捕獲員であることを証する証明書の交付申請書

　環境省関係鳥獣による農林水産業等に係る被害の防止のための特別措置に関する法律施行規則第2条第2項の規定に基づき、鳥獣被害防止特措法第4条第2項第4号に規定する対象鳥獣の捕獲等に積極的に従事する者であることを証明する証明書の交付を受けたいので、申請します。

（別記様式第2号）

第　　　　号
年　　月　　日

都道府県知事　　殿

市町村長

対象鳥獣捕獲員の変更に伴う通知について

下記の者を対象鳥獣捕獲員から解任したので通知します。

記

対象鳥獣捕獲員でなくなった者の氏名：＿＿＿＿＿＿＿＿＿＿＿＿＿＿

対象鳥獣捕獲員であることを証する証明書の番号：＿＿＿＿＿＿＿＿＿＿

対象鳥獣捕獲員であることを証する証明書の日付：　平成　　年　　月　　日

(別記様式第3号)

狩猟者台帳

ふりがな		住　所	（　年　月　日異動）
氏　名			（　年　月　日異動）
		電話番号	
	（　年　月　日改姓）	職　業	（　年　月　日異動）
生年月日	年　月　日生		（　年　月　日異動）

年度	種類	交付年月日	番号	備考	年度	種類	交付年月日	番号	備考

狩猟免許の取消し又は効力の停止

取消し(効力の停止)	種別	年月日(期間)	事由

登　録

免許の種類	狩猟をする都道府県 狩猟をする場所	登録年月日 返納年月日	対象鳥獣捕獲員であるか否かの別	免許の種類	狩猟をする都道府県 狩猟をする場所	登録年月日 返納年月日	対象鳥獣捕獲員であるか否かの別

（注）　1　管轄都道府県知事以外の都道府県の登録については、返納年月日は記載しないものとする。
　　　2　対象鳥獣捕獲員であるか否かの別の欄は、対象鳥獣捕獲員である場合は所属市町村名を、対象鳥獣捕獲員でない場合は「否」と記載するものとする。
　　　3　この用紙の大きさは、日本工業規格A4とすること。

(別記様式第5号)

(表面)

※登　　録　　番　　号	
※狩　猟　免　許	
※損　害　の　賠　償	
※放鳥獣猟区の区域の登録の有無	
※対象鳥獣捕獲員であるか否かの別	

※整理番号	

狩猟者登録申請書

知事　殿

平成　　年　　月　　日

写　真

収入証紙

住　所	(〒　　　) 電話番号(　　　　)
ふりがな	
氏　名	(記名押印又は署名)
生年月日	年　　月　　日　生

　下記のとおり狩猟者登録を受けたいので鳥獣の保護及び狩猟の適正化に関する法律第56条の規定により申請します。

記

(1)　狩猟者登録を受けようとする狩猟免許の種類(□にレ印を付す。)、使用する猟具の種類(番号に○印を付す。)、免許を与えた都道府県知事名、交付年月日及び狩猟免状の番号、所持する免許の種類(□にレ印を付す。第2種銃猟免許に係る登録の場合に限る。)を記入。
　なお、第1種銃猟免許を受けたが空気銃のみを申請する場合は、第2種銃猟免許に係る登録申請をすること(「第2種銃猟免許に係る登録」の□にレ印を付す。)。

□網猟免許に係る登録	1　網	都道府県知事名	知事	交付年月日	年　月　日	狩猟免状の番号
□わな猟免許に係る登録	2　わな	都道府県知事名	知事	交付年月日	年　月　日	狩猟免状の番号
□第1種銃猟免許に係る登録	3　ライフル銃 4　散弾銃 5　空気銃 (圧縮ガスを使用するものを含む。)	都道府県知事名	知事	交付年月日	年　月　日	狩猟免状の番号
□第2種銃猟免許に係る登録	6　空気銃 (圧縮ガスを使用するものを含む。)	所持する免許の種類　□第1種銃猟免許　□第2種銃猟免許				
		都道府県知事名	知事	交付年月日	年　月　日	狩猟免状の番号

(注)　用紙の大きさは、日本工業規格A4判とすること。

(裏面)

(2) 狩猟をしようとする場所			
1．(都道府県)の区域全部		2．放鳥獣猟区の区域	
(3)対象鳥獣捕獲員であるか否かの別（対象鳥獣捕獲員である場合は□にレ印を付し、かつ、対象鳥獣捕獲員として所属している市町村の名称を記載する）			
□ 対象鳥獣捕獲員 □ 対象鳥獣捕獲員でない		対象鳥獣捕獲員として所属する市町村名 （　　　　　　　　　　　　　　　）	

(4) 免許の効力の停止の有無（有無のいずれかに○印を付し、かつ、有の場合には、その停止の期間を記載すること。）

免許の効力の停止の有無	1 有 2 無	停止の期間	年　月　日から　年　月　日まで

(5) 猟銃・空気銃所持許可証番号及び許可年月日（第1種銃猟免許又は第2種銃猟免許の場合）

第1種 銃猟免許	ライフル銃 散弾銃 空気銃 （圧縮ガスを使用するものを含む。）	猟銃・空気銃 所持許可証番号	号	交付年月日	年　月　日
第2種 銃猟免許	空気銃 （圧縮ガスを使用するものを含む。）				

(6) 鳥獣の保護及び狩猟の適正化に関する法律施行規則第67条の要件に関する事項

共済事業	法人名	対象損害	給付額	被共済の期間
損害保険契約	保険会社名	対象損害	保険金額	被保険期間
資産保有				

(7) 職業	

1．専門的・技術的職業従事者　　2．管理的職業従事者　　3．事務従事者
4．販売従事者　　5．農林業従事者　　6．漁業従事者　　7．採鉱・採石作業者
8．運輸・通信従事者　　9．技能工・生産工程従事者　　10．単純労働者
11．保安職業従事者　　12．サービス職業従事者　　13．分類不能の職業
14．無　職

記載上の注意事項
1　狩猟者登録を受けようとする狩猟免許の種類ごとに申請書を提出すること。
2　文字は、楷書で明瞭に記載すること。
3　(2)は、該当番号を○で囲むこと。
4　(6)は、職業を具体的に記載し、さらに職業分類の該当番号を○で囲むこと。
5　※印欄には、申請者は記載しないこと。
　　対象鳥獣捕獲員であるか否かの別の欄は、対象鳥獣捕獲員である場合は所属市町村名を、対象鳥獣捕獲員でない場合は「否」と記載するものとする。

(別記様式第8号)

年度狩猟者登録台帳

狩猟免許の種類	免許		狩猟をする場所		登録を受けた者の住所地を管轄する都道府県知事名			知事
登録年月日	免許番号	都道府県の区域全部	放鳥獣猟区				
登録番号				氏名	生年月日	住所	職業	備考

(注) 1. 本名簿は、登録をした狩猟免許の種類、登録をした場所、登録を受けようとする者の所在地を管轄する都道府県知事が、登録を行った都道府県知事と異なる場合は、備考欄に狩猟免許を行った都道府県名を記載すること。
2. 狩猟免許を行った都道府県知事名を記載すること。
3. 表面の備考の欄には、対象鳥獣捕獲員の狩猟者登録を受けた者にあってはその旨を記載すること。
4. 用紙の大きさは、日本工業規格A4判とすること。

（別記様式第9号）

<table>
<tr><td colspan="4" style="text-align:center">許可証等届出書　　　　　　　　平成　年　月　日</td></tr>
<tr><td colspan="4">環境大臣　　殿
（都道府県知事　殿）</td></tr>
<tr><td>住　所</td><td colspan="2">（〒　　　）

　　　　　電話番号（　　　）</td><td rowspan="4">収　入　証　紙</td></tr>
<tr><td>ふりがな</td><td colspan="2"></td></tr>
<tr><td>氏　名</td><td colspan="2">　　　　　　　　　　　　印</td></tr>
<tr><td>生年月日</td><td colspan="2">　　　年　　月　　日　生</td></tr>
<tr><td>職　業</td><td colspan="3"></td></tr>
<tr><td colspan="4">（該当項目の□にレ印を付す）
□住所・氏名に係る区分の変更届出書（*1）
　　第　条第　項・同法施行規則第　　条第　　項）の規定により届け出ます。
□対象鳥獣捕獲員となった場合又は当該者が対象鳥獣捕獲員でなくなった場合(*2)。
□亡失届出
　　第　　条第　　項・同法施行規則第　　条の規定により届け出ます。
□再交付申請
　　鳥獣の保護及び狩猟の適正化に関する法律第　　条第　項の規定により下記のとおり狩猟免状等の再交付を申請します。</td></tr>
<tr><td>狩　猟　免　状
等　の　種　類</td><td colspan="3">□許可証　□登録票　□危険猟法許可証　□狩　猟　免　状
□狩猟者登録証　□狩猟者記章　　　　□従事者証
□指定猟法許可証　□販売許可証　　等</td></tr>
<tr><td>番　　　号</td><td colspan="3"></td></tr>
<tr><td>交　付　年　月　日</td><td colspan="3">　　年　　　月　　　日</td></tr>
<tr><td>変更・亡失年月日</td><td colspan="3">　　年　　　月　　　日</td></tr>
<tr><td>※　旧住所・氏名
　　新住所・氏名</td><td colspan="3"></td></tr>
<tr><td>亡失又は再交付の理由</td><td colspan="3"></td></tr>
</table>

（注）　1　不要な文字は抹消し、該当項目の□にレ印を付すこと。
　　　　2　(*1)住所・氏名変更届出を行おうとする場合に限って記入すること。
　　　　　　なお、変更届には、住所、氏名の変更が確認できる書類(住民票、運転免許証の写等)を添付すること。(届出書の提出に際して上記書類の提出を行うことでも足りる。)
　　　　3　(*2)対象鳥獣捕獲員でない者として狩猟者登録を行った者が当該者の狩猟者登録期間中に対象鳥獣捕獲員となった場合又は当該者が対象鳥獣捕獲員でなくなった場合に限る。
　　　　4　用紙の大きさは、日本工業規格A4判とすること。

○鳥獣による農林水産業等に係る被害の防止のための特別措置に関する法律に基づく市町村から自衛隊への協力要請に伴う土木工事等の受託及び実施に関する訓令第3条の運用について（通達）

　　　　　　　　　　　　　　　　　　　平成20年2月21日
　　　　　　　　　　　　　　　　　　　防経施第2009号

　　　　　　　　　　　　　　　　　事務次官から陸上幕僚長あて

　平成20年2月21日、鳥獣による農林水産業等に係る被害の防止のための特別措置に関する法律（平成19年法律第134号。以下「鳥獣特措法」という。）が施行されることを踏まえ、防衛省として、鳥獣特措法に基づく被害防止施策として市町村が行う防護柵の設置等のために行う土木工事（以下「鳥獣被害防止施策に係る土木工事」という。）に係る自衛隊法施行令（昭和29年政令第179号）第123条の規定に基づく市町村からの委託の申出に適切に対応するため、土木工事等の受託及び実施に関する訓令（昭和30年防衛庁訓令第16号。以下「訓令」という。）第3条の運用について下記のとおり定められたので、各方面総監等に周知するとともに、遺漏なきよう措置されたい。

　　　　　　　　　　　　　　　記

1　受託者（方面総監を除く。）は、訓令第3条第1項の規定に基づき鳥獣被害防止施策に係る土木工事の受託及び実施の適否を判断するに当たっては、速やかに、現地の事情を調査し、申出書類に当該土木工事が自衛隊の訓練目的に適合するか否か及び当該土木工事の遂行に障害があるか否か等についての意見、案内図その他参考となる資料を付して当該警備区域を管轄する方面総監に提出するものとする。
2　方面総監は、前項の規定に基づく書類の提出を受けた場合には、速やかに、自らの意見を付して当該書類を陸上幕僚長に提出するものとする。
3　前2項の規定は、方面総監が受託者である場合に準用する。
4　陸上幕僚長は、第2項（前項において準用する場合を含む。）の書類の提出を受けた場合には、速やかに、自らの意見を付して経理装備局長に照会するものとする。
5　鳥獣被害防止施策に係る土木工事の受託の手続を実施する場合は、訓令第3

条第3項に規定する止むをえない場合に該当するものとする。
6 鳥獣被害防止施策に係る土木工事については、訓令第3条第6項の規定は、適用しない。

○土木工事等の受託及び実施に関する訓令

自衛隊法施行令（昭和29年政令第179号）第122条第1項及び第126条の規定に基づき、土木工事等の受託及び実施に関する訓令を次のように定める。

〔昭和30年3月14日
防衛庁訓令第16号〕

防衛庁長官　大村清一

改正　昭和31年1月21日庁訓第3号
　　　昭和32年2月27日庁訓第10号
　　　昭和33年9月10日庁訓第88号
　　　昭和35年4月12日庁訓第19号
　　　昭和36年6月12日庁訓第29号
　　　昭和36年8月17日庁訓第49号
　　　昭和36年10月16日庁訓第62号
　　　昭和44年8月15日庁訓第35号
　　　昭和45年5月29日庁訓第20号
　　　昭和56年3月25日庁訓第8号
　　　平成元年3月16日庁訓第23号
　　　平成11年3月19日庁訓第8号
　　　平成19年1月5日庁訓第1号

（目的）

第1条　この訓令は、国、地方公共団体、土地改良区又は港務局の土木工事、通信工事、防疫事業又は輸送事業（以下「土木工事等」という。）で、自衛隊法施行令（昭和29年政令第179号。以下「施行令」という。）第122条第2項に定める者（以下「申出者という。」）から申出のあつたものにつき、当該土木工事等が自衛隊の訓練の目的に適合する場合において、その全部又は一部を受託し及び実施するときの手続等について定めることを目的とする。

（土木工事等の受託者）

第2条　施行令第122条第1項の規定により土木工事等の受託及びその実施につき防衛大臣が指定する者（以下「受託者」という。）は、防衛大臣が別に指定する者のほか、それぞれ次の各号に掲げる事業の別に当該各号に掲げる者とする。

(1)　土木工事
　　ア　方面総監
　　イ　師団長
　　ウ　旅団長
　　エ　混成団長

オ　陸上自衛隊富士学校長
　　　カ　陸上自衛隊施設学校長
　(2)　通信工事
　　　ア　方面総監
　　　イ　師団長
　　　ウ　旅団長
　　　エ　混成団長
　　　オ　通信団長
　(3)　防疫事業
　　　ア　方面総監
　　　イ　師団長
　　　ウ　旅団長
　　　エ　混成団長
　　　オ　陸上自衛隊衛生学校長
　　　カ　自衛隊中央病院長
　(4)　輸送事業
　　　ア　方面総監
　　　イ　師団長
　　　ウ　旅団長
　　　エ　混成団長
2　方面総監は、その警備区域内の受託者が行なう土木工事等の受託及び実施について総括するものとする。
3　受託者は、土木工事等の申し出があつた場合、これを受理するとともに、方面総監の定めるところにより、申出者に受託の諾否又は予定を通知するものとする。
（土木工事等の受託の手続）
第3条　受託者（方面総監を除く。）は、施行令第123条の規定に基づく申出の書類を受理し当該土木工事等の受託及び実施を適当と認めるときは、現地の事情を調査し、当該土木工事等が自衛隊の訓練の目的に適合するか否か及び当該土木工事等の遂行に障害があるか否か等についての意見、案内図その他参考となる資料を付して当該警備区域を管轄する方面総監に提出しなければならない。
2　前項の規定は、方面総監が受託者である場合に準用する。
3　方面総監は、第1項の規定に基づき提出された書類を検討し、四半期ごとの受託計画（方面総監が受託者である土木工事等の計画を含む。）を別表第1の

様式により作成し、これに意見及び案内図その他参考となる資料を付して当該四半期の始まる前に（止むをえない場合にあつてはそのつど。）陸上幕僚長を通じて防衛大臣に提出し、その承認を受けなければならない。
4　方面総監（方面総監が受託者である場合を除く。）は、前項の承認を受けたときは、当該警備区域内の受託者にその旨達するものとする。
5　受託者は、前項の承認の通達を受けたときは（方面総監が受託者である場合は第3項の承認を受けたとき。）当該土木工事等を受託し、及び実施するものとする。
6　受託者は、申出のあつた土木工事等のうち、その規模が1,000人・日未満（土木工事にあつては15,000人・日未満）であり、かつ、艦船（携帯用舟艇を除く。）又は航空機を使用しないものである場合は、前各項の規定にかかわらず方面総監の定めるところにより、当該土木工事等を受託し、及び実施することができる。
7　防衛大臣は、土木工事等を受託することを必要と認めるときは、陸上幕僚長、海上幕僚長又は航空幕僚長（以下「各幕僚長」という。）を通じて当該土木工事等の受託及び実施を方面総監、地方総監、航空総隊司令官等（以下「方面総監等」という。）に通達するものとする。
8　前項の通達を受けた方面総監等は、第2条に掲げる受託者又は防衛大臣が指定する者に当該土木工事等を受託し、及び実施させることができる。この場合において受託者は第1項、第2項及び第10項の規定にかかわらず当該土木工事等を受託し、及び実施することができる。
9　受託者は、土木工事等を受託する場合においては、次条及び第6条から第8条までに定める事項について、申出者と協定しなければならない。
10　方面総監は、土木工事等を受託する場合においてその警備区域外の陸上自衛隊の部隊若しくは機関（以下「部隊等」という。）の支援又は他の自衛隊の部隊等の支援を必要とするときは、あらかじめ当該部隊等の長の意見を付して防衛大臣の承認を受けなければならない。
11　工事規模の算定は、当該工事の実出動人員の延べ人・日に、使用する装備機械類を人・日に換算したものを加えて算定するものとする。装備機械類の人・日換算基準は、別表第2のとおりとする。
（費用の負担方法等）
第4条　施行令第124条に定める土木工事等の実施に必要な費用のうち、次の各号に掲げるものの負担方法は、当該各号に定めるとおりとする。
　(1)　旅費

イ　第3条第1項の規定に基き現地事情を調査するための旅費等受託者が土木工事等を受託するまでの間において必要とする旅費は、受託者が支払うものとする。
　　ロ　土木工事等を受託してからこれを完了し撤収するまでの間において当該土木工事等の実施に必要な旅費（実施に伴つて間接的に必要とする旅費を含む。）は、申出者において支払うものとする。受託者の訓練計画の都合により部隊等の人員の交代を行う場合に必要な旅費についても、なお同様とする。これらの場合における旅費の支給基準は、受託者の側の例による。
　(2)　輸送費等
　　　自衛隊の装備品、宿営用物品等の輸送又は運搬（引揚の場合における輸送又は運搬を含む。）及び装備品のすえつけ又は撤去に要する費用は、申出者において支払うものとし、受託者の訓練計画の都合により、自衛隊の装備品、宿営用物品等の交代を行う場合に必要な輸送費等を含むものとする。
　(3)　燃料、事務用品等
　　　受託者の提供する車両、航空機、船舶及び機械類の運転若しくは操作に要する燃料（潤滑油を含む。）又は動力あるいは土木工事等の実施に必要な事務用品等は、受託者が必要のつど、申出者から交付を受けるものとする。
　(4)　宿泊施設等
　　　受託者が土木工事等を実施する場合において、宿泊施設等を必要とするときは、申出者がその施設を提供するものとし、当該宿泊施設等を運営するために必要な光熱水料等は、申出者において支払うものとする。ただし、受託者の側の宿泊施設等を利用できる場合は、この限りでない。
　(5)　通信費等
　　　受託者が土木工事等を実施するため直接必要な通信費（部内通信に要するものを除く。）は、申出者において支払うものとする。
　(6)　諸資材等
　　　土木工事等の実施に必要な諸資材等は、土木工事等を実施する部隊等の長がその希望する時期及び場所において、申出者から交付を受けるものとする。
2　前項に定めるもののほか、土木工事等の実施に必要な費用の負担方法に関し必要な事項は、受託者と申出者が相互に協議して定めるものとする。
　（土木工事等の実施）
第5条　受託者は、土木工事等を実施するにあたつては、申出者と常に連絡を密にして土木工事等の進ちよく状況、実施上のあい路の打開及び適確な実施につき留意するものとする。

（土木工事等の実施中の損害発生の場合の責任）
第6条　土木工事等の実施中損害が発生した場合においては、その損害があきらかに受託者の責に帰せられる理由によるものと認められるときに限り、受託者が責任を負うものとする。
（土木工事等の計画の変更）
第7条　土木工事等の実施期間中において申出者の都合により、当該土木工事等の計画を著しく変更する必要が生じた場合においては、申出者はその理由及び新しい計画の明細等を記した書類を添えて受託者に申し出るものとする。この場合における取扱については、第3条の例による。
2　受託者の都合により土木工事等の計画の変更を求める場合又はその他の理由により土木工事等の、計画を変更すべき事情が生じた場合においては、受託者は申出者と協議するものとする。
（土木工事等の引渡）
第8条　受託した土木工事等が完了した場合においては、すみやかに、受託者から申出者に引き渡すものとする。
（報告）
第9条　各幕僚長は、各四半期末ごとに事業別にその申出及び受託状況を別表第3の様式により防衛大臣に報告しなければならない。
（委任規定）
第10条　この訓令に定めるもののほか、土木工事等の受託及び実施に関し、必要な事項は各幕僚長が定める。

　　附　則
この訓令は、昭和30年3月14日から施行する。
　　附　則（昭和31年1月21日庁訓第3号）
この訓令は、昭和31年1月26日から施行する。
　　附　則（昭和32年2月27日庁訓第10号）
この訓令は、昭和32年2月27日から施行する。
　　附　則（昭和33年9月10日庁訓第88号）
この訓令は、昭和33年10月1日から施行する。
　　附　則（昭和35年4月12日庁訓第19号）
1　この訓令は、昭和35年6月1日から施行する。
2　この訓令の施行日において、既に工事実施中のものの取扱い手続については、なお従前の例によるものとする。
　　附　則（昭和36年6月12日庁訓第29号）

この訓令は、昭和36年6月12日から施行する。

　　附　則（昭和36年8月17日庁訓第49号）

この訓令は、昭和36年8月17日から施行する。

　　附　則（昭和36年10月16日庁訓第62号）

1　この訓令は、昭和37年1月18日から施行する。

2　この訓令施行の日から自衛隊法の一部を改正する法律（昭和36年法律第126号）附則第1項の指定日までの間は、同法附則第2項前段の規定によりなお存続する管区隊又は混成団については、この訓令による改正前の防衛庁訓令（第1条に規定する訓令を除く。）の規定は、なおその効力を有する。

　　附　則（昭和44年8月15日庁訓第35号）

この訓令は、昭和44年8月15日から施行する。

　　附　則（昭和45年5月29日庁訓第20号）

この訓令は、昭和45年6月1日から施行する。

　　附　則（昭和56年3月25日庁訓第8号）

この訓令は、昭和56年3月25日から施行する。

　　附　則（平成元年3月16日庁訓第23号）

この訓令は、平成元年3月16日から施行する。

　　附　則（平成11年3月19日庁訓第8号）

この訓令は、平成11年3月29日から施行する。

　　附　則（平成19年1月5日庁訓第1号）

この訓令は、平成19年1月9日から施行する。

別表第1（第3条関係）

　　　　　　　　　　土木工事等の受託計画　_____年度_____四半期

方　面　隊				
申　出　者				
工事又は事業名称				
工事又は事業場所				
工事又は事業内容				
作　業　期　間				
実　施　部　隊				
増　援　部　隊				
訓　練　課　目				
編成装備の概要				
工事又は事業規模（人・日）				
申出者負担経費				
請負見積金額				
その他参考事項				

注：(1)　用紙はB－4

　　(2)　申出理由、輸送要領、宿泊給養、受託者の整備又は提出書類の各項目中、特異事項はその他参考事項の欄に記入する。

別表第2（第3条関係）

装 備 機 械 類 換 算 表

機　　械　　名	型式又は容量	数　量	換算人・日	備　　考
大型ドーザ		1台	80	
中型ドーザ		1台	60	
小型ドーザ		1台	20	
バケットローダ	1.7㎥	1台	50	スノーロータリ装置時を含む
グレーダ		1台	100	刃長3.6m
スクレーパ	6㎥	1台	100	ドーザけん引
スクレーパ	9㎥	1台	140	ドーザけん引
クローラクレーン	10t	1台	40	
トラッククレーン	20t	1台	60	
油圧ショベル	0.6㎥	1台	60	
2½tダンプトラック		1台	20	
3½tダンプトラック		1台	25	
4tダンプトラック		1台	30	
7tダンプトラック		1台	50	
ロードローラ	8t	1台	50	3〜5回転圧
ロードローラ	10t	1台	70	3〜5回転圧
シープフートローラ	2胴	1台	140	トラクタ付
けん引式タイヤローラ		1台	100	トラクタ付
自走式タイヤローラ		1台	120	
コンプレッサ	6㎥	1台	30	
コンプレッサ	9㎥	1台	40	
クラッシャ	19㎥	1台	100	
ミキサ	0.4㎥	1台	50	
アスファルトフィニッシャ	国産ホイール	1台	15	舗装幅2.4〜3.6m
携帯さく岩機	27kg級	1台	7	

別表第3（第9条関係）

受託状況報告書

____年度第____四半期

方面隊	受託者	工事又は事業名称	申出者	工事又は事業場所	実施年月日	人員日数	工事内容	工事又は事業規模（人・日）	申出者負担金額	請負見積金額	実施部隊	使用器材	備考

申出状況報告書　　　　年度第　　　年期　　　四半期

方面隊	受託者	工事又は事業名称	工事又は事業場所	工事又は事業内容	申出者	申出理由	申出年月日	実施希望期間	工事又は事業規模（人・日）	受託を不適当と認めた理由	今後の予定又は方針	備考

【参考】

〇自衛隊法施行令（昭和29年6月30日政令第179号）
（土木工事等の委託の申出）
第123条 前条第2項の規定により防衛大臣又はその委任を受けた者に土木工事等の施行の委託、及びその実施を申し出ようとする者は、次の各号に掲げる事項を記載した書類を防衛大臣又はその委任を受けた者に提出しなければならない。
　一　土木工事等の目的
　二　土木工事等の計画（当該土木工事等に使用することができる予算額に関する事項を含む。）
　三　土木工事等の期間
　四　申出の理由
　五　その他必要な事項

○鳥獣被害対策に係る自衛隊への協力要請について

1．自衛隊による鳥獣被害対策への協力【土木工事の受託】

> 自衛隊は、鳥獣被害防止特措法に基づく被害防止対策として、市町村が行う侵入防止柵の設置等のために行う土木工事について委託の申出があった場合、自衛隊法第100条[1]に基づき、その要件[2]に従い、協力を実施することとしています。

> ※1　自衛隊法第100条「土木工事等の受託」
>
> 　　<u>防衛大臣は、自衛隊の訓練の目的に適合する場合には、国、地方公共団体その他政令で定めるものの土木工事、通信工事その他政令で定める事業の施行の委託を受け、及びこれを実施することができる。</u>
> 2　前項の事業の受託に関し必要な事項は、政令で定める。

> ※2　要件
>
> ①　訓練目的に適合する場合であること
> ②　任務遂行に支障を生じない限度であること
> ③　民業を圧迫しないこと

2．自衛隊が受託可能な事業

> 上記の「土木工事」として受託可能なもの
>
> ・侵入防止柵の設置の場合
> 　（例：侵入防止柵の設置に先立ち建設機械を用いる比較的大きな造成工事等が必要になる場合）
> ・緩衝帯の整備の場合
> 　（例：建設機械を用いて緩衝帯を整備する場合）
> ※　人力のみの作業については、基本的に受託できません。

3．事業者による事前の検討

> ・自衛隊の協力要請については、事前に、農林漁業者自らによる工事の施行、建設業者への委託等、他の手段による対応が可能ではないかどうか検討を行ってください。
>
> ・都道府県、農林水産省地方農政局等にも相談しつつ、検討を行ってください。
>
> ・この上で、なお、過疎化、高齢化等により他の手段による被害防止対策の実施が困難と判断された場合において、自衛隊の地方協力本部等に対し、自衛隊による対応の可否を確認して下さい。 ※以降の手順については、「4．協力要請手順」を参照願います。

4．協力要請手順

自衛隊への依頼について事前調整	・事前に、自衛隊の地方協力本部又は駐とん地に対して依頼事業、実施希望時期及び手続き等について相談してください
↓	
自衛隊地方協力本部等への申出	・以下の事項を記した申出書類を提出 ・土木工事の目的 ・土木工事の計画 ・土木工事の期間 ・申し出の理由 など ※土木工事の計画には、工事設計図、工事費内訳書等が必要になります。
師団司令部等へ送付 ↓	
自衛隊師団司令部等からの受託可否の通知	
受託可能 ↓	
自衛隊による土木工事の実施	

5．費用負担

> (1) 申出者の負担する費用
> 　諸資材費、輸送費、燃料費、事務用消耗費、通信費、隊員の旅費、隊員の宿泊費等
> (2) 自衛隊で負担する費用
> 　隊員の給与（旅費を除く。）、隊員の糧食費、自衛隊の車両・機械等の修理費、受託通知の発送前に実施する現地調査旅費

※　詳細については、自衛隊地方協力本部等にお問い合わせ願います。

○市町村等の職員からの有害鳥獣駆除目的のライフル銃の所持許可申請への対応について

平成20年4月22日
警察庁生活安全局
生活環境課執務資料

　第168回国会において、「鳥獣による農林水産業等に係る被害の防止のための特別措置に関する法律」(平成19年法律第134号。以下「特別措置法」という。)が成立し、昨年12月21日に公布され、本年2月21日から施行された。これにより、今後、特別措置法の規定に基づき、市町村が鳥獣被害対策実施隊を設置すること等が予想されるほか、市町村及び農業協同組合等の農林水産業に関する法人(以下「市町村等」という。)が、農林水産業に従事している者(以下「農林水産業従事者」という。)からの依頼を受けるなどして、農林水産業に係る被害を防止し、農林水産業を維持するため、その職員に猟銃又は空気銃を所持させ、市町村等が実施主体となって鳥獣の保護及び狩猟の適正化に関する法律(平成14年法律第88号。以下「鳥獣保護法」という。)第9条第1項の規定に基づく許可を受けて行う鳥獣の捕獲(殺傷を含む。以下同じ。以下「市町村等による捕獲」という。)に従事させようとすることも考えられる。
　このような場合、所持させる銃砲がライフル銃であるときは、銃砲刀剣類所持等取締法(昭和33年法律第6号。以下「銃刀法」という。)第5条の2第4項第1号の規定により、散弾銃、空気銃と比して厳しい要件が課せられることになるが、鳥獣による農林水産業に係る被害を防止することを目的として、市町村等による捕獲を行う場合であって、当該市町村等が、その職員にライフル銃を所持させて、これに従事させる必要があると認められるときは、当該市町村等の職員は、銃刀法第5条の2第4項第1号に規定する「事業に対する被害を防止するためライフル銃による獣類の捕獲を必要とする者」に当たり、銃刀法第4条第1項の規定に基づくライフル銃の所持許可(以下単に「所持許可」という。)の対象となり得ると解される。
　以下、本資料において、市町村等の職員からの有害鳥獣駆除目的のライフル銃の所持許可申請への対応について取りまとめたので、執務の参考とされたい。

1　所持許可の対象

　本資料における所持許可の対象は、「市町村等の職員」である。

(1) 「市町村等」の範囲

　「市町村等」とは、地方自治法（昭和22年法律第67号）の規定に基づき設置された普通地方公共団体たる市町村のほか、次のア乃至ケの個別法の規定に基づき設立された農林水産業に関する法人をいう（括弧内は、これらの法人の設立について定めた法律の名称である。）。

　なお、これらの法人は、鳥獣保護法第9条第8項の規定及び同項の規定に基づく告示（平成15年環境省告示第62号）により、鳥獣保護法第9条第1項の規定に基づく鳥獣の捕獲の許可を受けることが予定されているものである。

　ア　農業協同組合（農業協同組合法（昭和22年法律第132号））
　イ　農業協同組合連合会（農業協同組合法（昭和22年法律第132号））
　ウ　農業共済組合（農業災害補償法（昭和22年法律第185号））
　エ　農業共済組合連合会（農業災害補償法（昭和22年法律第185号））
　オ　森林組合（森林組合法（昭和53年法律第36号））
　カ　生産森林組合（森林組合法（昭和53年法律第36号））
　キ　森林組合連合会（森林組合法（昭和53年法律第36号））
　ク　漁業協同組合（水産業協同組合法（昭和23年法律第242号））
　ケ　漁業協同組合連合会（水産業協同組合法（昭和23年法律第242号））

(2) 「職員」の範囲

　所持許可の対象となる「職員」については、常勤、非常勤を問わない。

2　所持許可に当たっての留意事項

(1) 連絡担当者の配置等

　市町村等による捕獲に従事する職員（以下「従事職員」という。）から、当該業務に従事するために、銃刀法第4条の2第1項の規定に基づく所持許可の申請（以下「許可申請」という。）がなされる可能性がある場合は、事後の手続きを円滑に進めるとともに、所持許可後の連絡調整を密にするため、市町村等の事業場（市役所等）を管轄する警察署（以下「事業場管轄署」という。）に連絡担当者を置いた上で、市町村等に対しても連絡担当者を置くよう申し入れること。また、許可申請がなされる前に、市町村等との間で所持許可を要する職員の人数等について調整を図るとともに、市町村等に対して、可能な限り、既に散弾銃を所持しており、技術的にも問題ないと認められる者を選定するよう申し入れること。

(2) 所持許可の申請先

市町村等が、従事職員に、所持許可を受けさせようとするときは、銃刀法第4条第5項の規定に基づき、市町村等の事業場（市役所等）を管轄する都道府県公安委員会（以下「事業場管轄公安委員会」という。）の許可を受けなければならないことから、許可申請は当該事業場管轄公安委員会あてに行わせること。
(3) 審査内容
　従事職員からの許可申請を受理したときは、次の点に留意して審査すること。
　ア　獣類による農林水産業に係る被害が発生していることの確認
　　市町村等による捕獲が行われる前提として、獣類による農林水産業に係る被害の実態が明らかになっているはずなので、その内容を証明する市町村等の文書の提出を求め、確認すること。
　イ　ライフル銃による獣類の捕獲が必要であること等の確認
　　獣類による農林水産業に係る被害を防止するためには、柵の設置等により獣類の侵入を防ぐ方法があり、箱わな等銃を使わずに捕獲する方法もあるほか、銃が必要な場合でも散弾銃又は空気銃を用いる方法や、ライフル銃が必要な場合であっても、既にライフル銃の所持者がおり、その者が市町村等による捕獲に従事すれば、十分対応できる可能性もあることから、これらの方法では被害を防止することができず、新たに所持許可を受けた上でライフル銃を用いる必要があることを証明する市町村等の文書の提出を求め、確認すること。
　ウ　市町村等による捕獲が必要であることの確認
　　農林水産業従事者の自助努力等により農林水産業に係る被害を防止することができる状態であれば、通常は市町村等による捕獲は必要ないと考えられることから、農林水産業従事者の自助努力等によっては被害を防止することができず、市町村等による捕獲が必要であることを証明する市町村等の文書の提出を求め、確認すること。
　エ　市町村等の職員が欠格事由等に該当していないことの確認
　　従事職員といえども、所持許可を受けるためには、銃刀法第5条第1項各号及び第5条の2第2項各号に列挙された欠格事由等に該当していないことは当然であり、当該職員の住所地を管轄する都道府県公安委員会と連携するなどして、欠格事由該当性について徹底した調査を行うこと。
(4) ライフル銃の保管・管理
　銃刀法第10条の4第1項の規定に基づき、所持許可に係るライフル銃は、

所持許可を受けた従事職員が自ら保管しなければならないが、一方で、当該ライフル銃は、市町村等の職員として、市町村等による捕獲に従事するために所持許可を受けたものであることから、その保管・管理が適切に行われるよう、市町村等に厳格に監督させること。具体的には、ライフル銃を保管する設備は、銃砲刀剣類所持等取締法施行規則（昭和33年総理府令第16号）第11条の35に規定する基準を満たすものを設置した上で、銃刀法第10条の4第1項の規定に基づき、個々の従事職員がそれぞれ施錠し、管理する必要があるが、当該設備については、市町村等の施設内に設置した上で、当該設置場所を市町村等の責任ある立場の者が施錠し、管理するようにさせること。また、ライフル銃の出し入れについては、その都度、市町村等の責任ある立場にある者の承諾を受けた上で行わせ、その状況を帳簿等により管理させること。さらに、ライフル銃の保管設備の設置場所となる市町村等の施設については、盗難防止の観点から、厳重な管理を行わせること。
(5) 所持許可の条件

　　従事職員に対して所持許可をする際は、銃刀法第4条第2項の規定に基づき、当該ライフル銃を使用できる区域について原則として市町村等の管轄区域に限定するなど、市町村等による捕獲の実態に合わせた条件を付すこと。また、ライフル銃の出し入れについて、その都度、市町村等の責任ある立場にある者の承諾を受けた上で行わせるなど、ライフル銃の保管・管理に関しても必要に応じて条件を付すこと。

3 所持許可後の留意事項

(1) 危害の発生の予防

　　所持許可に係るライフル銃による危害の発生を予防するため、従事職員に、銃刀法第10条の2の規定に基づいて、射撃の練習を励行させたり、必要な知識の修得に努めさせたりするなど、従事職員のライフル銃の操作及び射撃に関する技能を維持向上させるため必要な措置を講じるよう、市町村等に対して申し入れること。また、事業場管轄署においても、一斉検査等の機会を通じて、従事職員に注意を喚起するなどして、危害の発生の予防に努めること。

(2) 法令の遵守

　　従事職員に銃刀法の規定を遵守させることは当然であるが、市町村等による捕獲に従事する際は、鳥獣保護法の規制も受けることから、鳥獣保護法第9条第8項の規定に基づく従事者証の交付を受け、これを必ず携帯させるなど、鳥獣保護法等関係法令の遵守にも万全を期すよう、市町村等に対して申

し入れること。
(3) 所持許可の取消し等
　従事職員が、退職、配置転換等により、市町村等による捕獲に従事できない状況になったときは、当該ライフル銃に係る所持許可については、銃刀法第11条第1項第4号の規定に該当し、取消しの対象となるので、他人の生命又は財産に対する危険を防止するため必要があると認めるときは、銃刀法第11条第6項の規定に基づき、当該ライフル銃の提出を命じて仮領置を行うなど、その状況に応じて、適切に対応すること。また、かかる状況を未然に防ぐため、従事職員の退職、配置転換等が予想される場合には、あらかじめ後任の職員を決めておき、事前に銃刀法第5条の3第1項の規定に基づく講習（初心者講習）を受けさせておくなど、退職、配置転換等に合わせて後任の職員が所持できるようにするための措置を講じるよう、市町村等に対して申し入れること。

4 その他

(1) 警察庁への報告
　従事職員から許可申請がなされたとき、又は、許可申請に先立って、事前に市町村等から相談等があったときは、速やかに警察庁生活安全局生活環境課（銃刀・危険物係）に報告すること。
(2) 所持許可に係る銃砲が散弾銃又は空気銃である場合の対応
　地域の実状によっては、市町村等が、その職員に散弾銃又は空気銃を所持させることもあり得るが、これらの銃砲はライフル銃とは異なり、銃刀法第5条の2第4項に規定されているような厳格な基準が設けられていないことから、基本的には、通常の許可申請と同様に取り扱うこと。ただし、前記2((3)ア乃至ウを除く。)、3 ((3)を除く。) 及び4(1)の事項については、散弾銃又は空気銃の場合にも当てはまることから、それらの事項については、本資料に準じて取り扱うこと。
(3) 市町村等が自ら農林水産業を営んでいる場合の対応
　市町村等が自ら農林水産業を営んでいる場合に、その被害を防止し、当該農林水産業を維持するために、当該市町村等による捕獲を行う場合は、前記2(3)ウの市町村等による捕獲が必要であることの確認は不要であるが、その他の事項については、本資料に準じて取り扱うこと。

第4編　鳥獣被害対策関連資料

○野生鳥獣による農作物被害の状況（農林水産省生産局資料より）

野生鳥獣による農作物被害の推移（平成14年度～平成18年度）

(単位：千ha、百万円、%)

		平成14年度 面積	平成14年度 金額	平成15年度 面積	平成15年度 金額	平成16年度 面積	平成16年度 金額	平成17年度 面積	平成17年度 金額	平成18年度 面積	平成18年度 金額
鳥類	カラス	27.1	4,161	30.0	3,713	23.6	3,541	20.2	3,343	17.3	3,068
	ヒヨドリ	7.1	1,879	4.4	894	5.2	1,053	2.9	674	3.3	689
	スズメ	19.0	961	17.3	926	15.3	837	14.5	748	10.5	569
	カモ	6.8	420	7.3	812	4.5	602	3.8	623	3	496
	ムクドリ	4.8	747	4.5	653	4.6	754	2.9	540	2.5	492
	ハト	6.2	726	4.6	546	4.6	589	4.4	546	3.4	432
	その他	2.9	365	2.9	425	2.9	429	3.4	431	1.4	364
	小計	73.9	9,259	71.0	7,968	60.8	7,806	52.1	6,905	41.4	6,110
獣類	イノシシ	16.6	5,233	15.5	5,010	14.8	5,592	15.3	4,886	17.1	5,529
	シカ	36.4	4,069	28.1	3,950	47.5	3,912	39.2	3,884	35.3	4,309
	サル	4.3	1,420	4.7	1,520	4.4	1,590	3.8	1,389	4.2	1,630
	クマ	1.1	308	1.1	321	2.3	410	3.2	310	2	764
	ハクビシン	0.2	70	0.5	163	0.5	175	0.6	183	0.8	230
	タヌキ	1.3	251	1.7	229	1.3	249	1.5	238	1.2	225
	ネズミ	4.1	141	4.2	180	3.1	136	1.7	157	0.9	175
	カモシカ	0.5	157	0.4	158	0.4	239	0.3	195	0.3	170
	アライグマ	3.1	78	0.4	79	0.9	129	0.3	155	0.5	164
	ヌートリア	0.3	76	0.5	90	0.5	97	0.6	97	0.7	111
	ウサギ	1.2	92	1.3	129	1.0	93	0.9	124	0.9	83
	その他	1.0	162	1.0	140	1.0	136	1.1	166	0.5	139
	小計	70.1	12,057	59.6	11,968	77.8	12,760	68.5	11,784	64.4	13,529
	合計	144.0	21,316	130.6	19,935	138.7	20,566	120.6	18,689	105.8	19,640

注1：都道府県の報告による（都道府県は、市町村等からの報告等を基に把握を行っている）。
注2：ラウンドの関係で合計が一致しない場合がある。
注3：被害金額は、平成11年度から調査。

野生鳥獣による農作物被害金額の推移

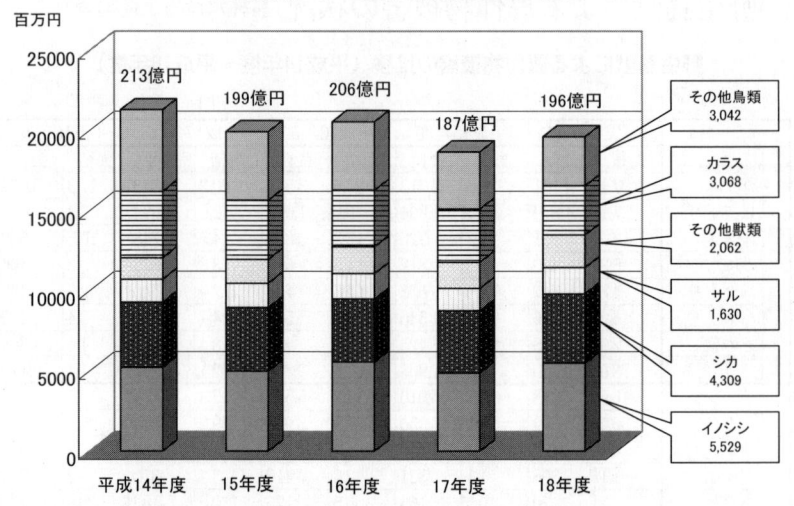

年度	被害総額
平成14年度	213億円
15年度	199億円
16年度	206億円
17年度	187億円
18年度	196億円

平成18年度内訳（百万円）：
- イノシシ 5,529
- シカ 4,309
- サル 1,630
- その他獣類 2,062
- カラス 3,068
- その他鳥類 3,042

・被害総額は200億円程度で、横ばい傾向で推移。
・うち獣類が7割、鳥類が3割を占める。
・特に、イノシシ、シカ、サルの被害が獣類被害の約9割を占める。

野生鳥獣による都道府県別農作物被害金額（平成18年度）

単位：万円

都道府県		被害金額					
		鳥獣計	鳥類計	獣類計	うちイノシシ	サル	シカ
	北海道	340,644	16,401	324,243	0	0	302,983
東北	青森	16,398	8,010	8,388	18	4,139	0
	岩手	16,403	7,674	8,729	0	84	2,662
	宮城	8,721	1,423	7,298	2,464	1,545	188
	秋田	11,391	4,220	7,171	0	258	0
	山形	128,778	66,961	61,817	0	20,903	0
	福島	29,562	12,333	17,229	8,470	3,709	2
	小計	211,253	100,621	110,632	10,952	30,638	2,852
関東	茨城	33,563	29,870	3,692	3,414	0	0
	栃木	55,354	37,809	17,545	12,034	1,750	1,471
	群馬	42,121	6,441	35,680	15,691	4,527	2,513
	埼玉	19,077	4,555	14,522	5,153	2,346	3,348
	千葉	49,072	22,153	26,919	16,511	4,325	617
	東京	6,249	1,636	4,613	538	676	632
	神奈川	18,144	5,707	12,437	4,628	3,047	1,237
	山梨	28,195	4,510	23,685	11,823	7,783	2,083
	長野	95,619	31,197	64,423	15,236	14,185	17,916
	静岡	29,341	3,972	25,369	15,214	5,853	2,158
	小計	376,734	147,849	228,885	100,243	44,492	31,975
北陸	新潟	36,737	26,564	10,173	24	5,635	0
	富山	10,125	3,957	6,168	161	3,899	0
	石川	8,609	5,999	2,610	510	209	0
	福井	8,360	639	7,721	5,134	978	1,124
	小計	63,830	37,159	26,672	5,828	10,720	1,124
東海	岐阜	14,608	4,325	10,283	5,412	1,499	341
	愛知	68,817	47,666	21,151	14,461	1,281	1,608
	三重	30,812	1,502	29,310	9,040	10,511	9,567
	小計	114,238	53,493	60,745	28,914	13,291	11,516
近畿	滋賀	16,087	1,929	14,158	6,284	4,338	3,535
	京都	47,835	6,069	41,766	18,721	8,078	12,786
	大阪	12,963	3,207	9,756	5,009	0	2,295
	兵庫	57,515	9,331	48,184	19,685	1,389	16,127
	奈良	6,777	1,309	5,468	2,378	363	2,666
	和歌山	29,156	3,391	25,765	13,711	6,251	3,795
	小計	170,333	25,236	145,097	65,788	20,419	41,204
中国四国	鳥取	12,442	6,981	5,461	3,518	44	100
	島根	5,412	287	5,125	3,786	677	123
	岡山	42,306	14,789	27,517	16,886	1,869	4,587
	広島	66,604	14,482	52,122	42,596	2,690	2,451
	山口	61,691	15,932	45,759	25,997	10,538	1,416
	徳島	8,267	1,748	6,519	2,550	3,006	927
	香川	20,588	8,797	11,791	7,205	3,778	279
	愛媛	55,327	14,237	41,090	32,602	1,923	4,281
	高知	14,072	2,594	11,479	6,734	1,599	2,155
	小計	286,709	79,846	206,863	141,873	26,124	16,320
九州	福岡	118,618	69,560	49,058	42,953	1,912	3,617
	佐賀	56,318	16,006	40,312	37,143	1,728	0
	長崎	56,363	14,761	41,602	38,036	0	2,733
	熊本	58,515	11,456	47,059	39,221	3,034	3,741
	大分	25,843	5,431	20,412	14,266	1,925	4,094
	宮崎	16,923	1,895	15,029	8,507	2,816	3,570
	鹿児島	40,213	9,325	30,888	17,114	5,862	5,203
	小計	372,793	128,434	244,360	197,239	17,277	22,958
	沖縄	27,419	21,968	5,451	2,013	0	0
	総計	1,963,953	611,007	1,352,946	552,850	162,960	430,931

(注) 1. 都道府県の報告による（都道府県は、市町村等からの報告等を基に把握を行っている）。
　　2. 小数点以下を四捨五入しているため、計が一致しない場合がある。

○鳥獣被害対策に関する特別交付税措置

1 現　行

　鳥獣被害対策については、市町村が負担した駆除等経費、広報費、調査・研究費に係る経費に、0.5を乗じた額が交付税措置されている。

駆除等経費	柵（防護柵、電気柵等）、罠、檻移動箱等の購入・設置費、これらの維持修繕費、捕獲のための餌、弾薬等の消耗品購入費、捕獲した鳥獣の買い上げ費や輸送経費、猟友会等に駆除を依頼した場合の経費負担分等
広　報　費	大型獣との出会い頭事故等の防止のための広報経費、鳥獣の餌となるものを捨てないように啓発するための広報経費等
調査・研究費	有害鳥獣を効果的に駆除するための研究、生態研究、捕獲等に関する実態調査等に要する経費

2 平成20年度の拡充内容

　市町村が鳥獣による農林水産業等に係る被害の防止のための特別措置に関する法律（平成19年法律第134号。以下「法」という。）第4条に定める被害防止計画を作成し、これに基づいて実施する取組に要する経費のうち、
　① 従来から対象となっていた防護柵の設置費、わな等の購入費及び鳥獣買い上げ費について措置を拡充（0.5→0.8）するとともに
　② 新たに捕獲鳥獣の処分経費（焼却費、小型焼却施設）及び法に規定する鳥獣被害対策実施隊に要する経費を対象経費に含めることとし、これらの取組に係る経費に0.8を乗じた額を措置することとしている。

○鳥獣被害対策関連予算（平成20年度）

【農林水産省】

単位：百万円

事業名		19年度予算額	20年度予算額	事業内容
鳥獣害防止総合対策事業（新規）		0	2,800	個体数調整、被害の防除、生息環境管理の取組を総合的に支援。 特に、以下の対策を重点的に推進。 ・市町村、農業関係団体職員等による捕獲体制整備 ・箱ワナ等捕獲機材の導入 ・捕獲鳥獣の処理加工施設の整備 ・広域地域が一体となった侵入防止柵の設置 ・犬を活用した追い払い等被害防除技術の導入 ・緩衝帯の設置（牛の放牧等）による里山里山の整備 ・サル等の被害対策指導員の育成
農業被害対策	農山漁村活性化プロジェクト支援交付金（拡充）	34,088の内数	30,546の内数	・事業の一メニューとして鳥獣害防止施設の整備 ※捕獲鳥獣個体を地域活性化に有効活用するための施設整備について拡充
	畑地帯総合整備事業（拡充）［公共］	35,033の内数	35,994の内数	・事業の一メニューとして鳥獣害防止施設の整備 ※生産基盤整備として、鳥獣侵入防止柵の整備が可能となるよう拡充
	農村振興総合整備事業（拡充）［公共］	5,335の内数	6,148の内数	〃
	村づくり交付金（拡充）［公共］	28,528の内数	29,560の内数	〃
	中山間地域総合整備事業（拡充）［公共］	30,467の内数	33,014の内数	〃
	農地環境整備事業（拡充）［公共］	1,042の内数	1,193の内数	・事業の一メニューとして鳥獣害防止施設の整備 （侵入防止柵の整備等のハード対策の実効性・効率性の向上を図るための施策を緊急的に実施） ※生産基盤整備として、鳥獣侵入防止柵の整備が可能となるよう拡充
	特定中山間保全整備事業［公共］	2,587の内数	3,187の内数	・事業の一メニューとして鳥獣害防止施設の整備
	中山間地域総合農地防災事業［公共］	1,978の内数	1,624の内数	〃
	農地保全整備事業［公共］	3,948の内数	4,062の内数	〃
森林被害対策	森林環境保全整備事業（調査費除く）［公共］ 森林居住環境整備事業 里山エリア再生交付金［公共］	45,289の内数	38,896の内数	・適切な森林の整備を行うために必要な場合に、防護柵の設置や忌避剤の散布等の付帯施設の整備
	森林・林業・木材産業づくり交付金	9,756の内数	9,692の内数	・防護柵の設置、テープ巻・トタン巻の実施、誘導型捕獲装置の設置、新たな防除技術の開発・普及、防除・捕獲技術者の養成、広域的な駆除活動、監視・防除体制の整備等
	野生鳥獣被害広域防除対策推進調査事業	15	15	・県域をまたがる広域的な地域などにおいて、 ①広域的な被害防除計画の策定 ②鳥獣害防止施設のトータルコスト低減等の検討 ③堅果類の結実予測等の調査
	健全な内水面生態系復元等推進事業	322の内数	315の内数	・広域的に連携して行うカワウの生息状況調査、追い払い、捕獲等を支援

事業名		19年度予算額	20年度予算額	事業内容
水産被害対策	有害生物漁業被害防止総合対策事業（拡充）	830の内数	890の内数	・広域的な観点からのトドの駆除等を支援 ・一斉追い払い等効果的な追い払い手法の実証試験 ・トドに破られにくい強化網、トド忌避手法の開発 ・トドの生態解明、出現頭数把握等のための調査・研究 ・結果取りまとめとより効果的な手法の検討
試験研究	○新たな農林水産政策を推進する実用技術開発事業（組替・新規） ・外来野生動物等による新たな農林被害防止技術の開発（H18～H20） ・営農管理的アプローチによる鳥獣害防止技術の開発（H19～H21） ・カワウによる漁業被害防除技術の開発（H19～H21） 注：平成19年度は、「先端技術を活用した農林水産研究高度化事業」で実施	5,220の内数（注）	5,200の内数	・外来野生動物等の個体群特性や行動特性に基づく効果的被害防止技術及び被害発生の危険度推定による農林地の管理方法を開発 ・忌避作物栽培等鳥獣害対応型の栽培技術の開発、イノシシ捕獲処理法及び生息個体数推定法等を開発 ・カワウ食害防除技術の開発、カワウ被害軽減技術の開発、総合的なカワウ管理技術の開発
	○地球環境保全等試験研究費（公害防止等試験研究費）【環境省一括計上】 ・ツキノワグマの出没メカニズムの解明と出没予測手法の開発（H18～H22）	197の内数	193の内数	・ツキノワグマの行動特性、生理・生態学的特性、環境特性等から出没メカニズムを解明し、出没予測法を開発

【環境省】

単位：百万円

事業名	19年度予算額	20年度予算額	事業内容
広域分布型鳥獣保護管理対策事業（拡充）	54	56	・広域的な鳥獣の保護管理について、都道府県等の関係者が連携して取組むための指針の策定やそれに基づく計画の策定、実施に資する取組を行う。
国立公園等における大型獣との共生推進費（拡充）	22	44	・国立公園等の生態系や鳥獣の生息環境に悪影響を及ぼしているシカについて、個体数等のデータの収集、保護管理計画の作成及び被害対策等を行う。
自然環境保全基礎調査費（拡充）	0	82	・農林水産業や生態系等に大きな影響を及ぼす特定鳥類・哺乳類（シカ、イノシシ、サル、クマ等）を対象として、個体数の増減、生息密度の推定のための調査等を行う。
特定鳥獣等保護管理実態調査（継続）	48	40	・特定計画に係る鳥獣の種別の効果的なモニタリング手法の検討、捕獲猟具の改良及び鉛等による水鳥等への影響調査等を行う。
鳥獣保護管理に係る人材育成事業（拡充）	34	50	・鳥獣の保護管理に係る担い手の育成・確保を図るため、現場等において指導・助言を行う専門家登録事業、都道府県職員等を対象とする研修及び鳥獣保護管理の重要な担い手である狩猟者の育成等を行う。
生物多様性保全推進支援事業（新規）	0	100の内数	・地域における生物多様性の保全再生に資する活動（例えば、数が増えすぎた鳥獣を対象に、都道府県知事が策定する特定鳥獣保護管理計画に位置づけられた活動等）を支援する事業。

【文化庁】

単位：百万円

事業名	19年度予算額	20年度予算額	事業内容
天然記念物食害対策事業	239	239	・カモシカ等天然記念物に指定されている鳥獣による農作物等の被害防止を図るため、防護柵等による食害防除のほか、調査に基づく天然記念物の適切な保護管理等を総合的な被害防止事業として実施（補助金の額は、補助対象経費の3分の2）

○狩猟免許の申請手続き（環境省自然環境局資料より）

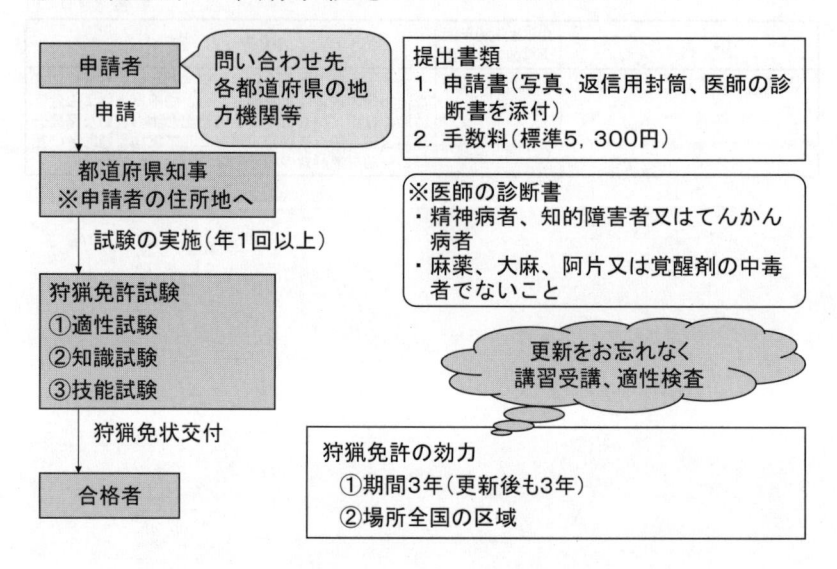

```
申請者 ── 問い合わせ先
 │        各都道府県の地方機関等
 │申請
 ▼
都道府県知事
※申請者の住所地へ
 │
 │試験の実施（年1回以上）
 ▼
狩猟免許試験
 ①適性試験
 ②知識試験
 ③技能試験
 │
 │狩猟免状交付
 ▼
合格者
```

提出書類
1. 申請書（写真、返信用封筒、医師の診断書を添付）
2. 手数料（標準5,300円）

※医師の診断書
・精神病者、知的障害者又はてんかん病者
・麻薬、大麻、阿片又は覚醒剤の中毒者でないこと

（更新をお忘れなく　講習受講、適性検査）

狩猟免許の効力
 ①期間3年（更新後も3年）
 ②場所全国の区域

○捕獲許可の申請手続き（環境省自然環境局資料より）

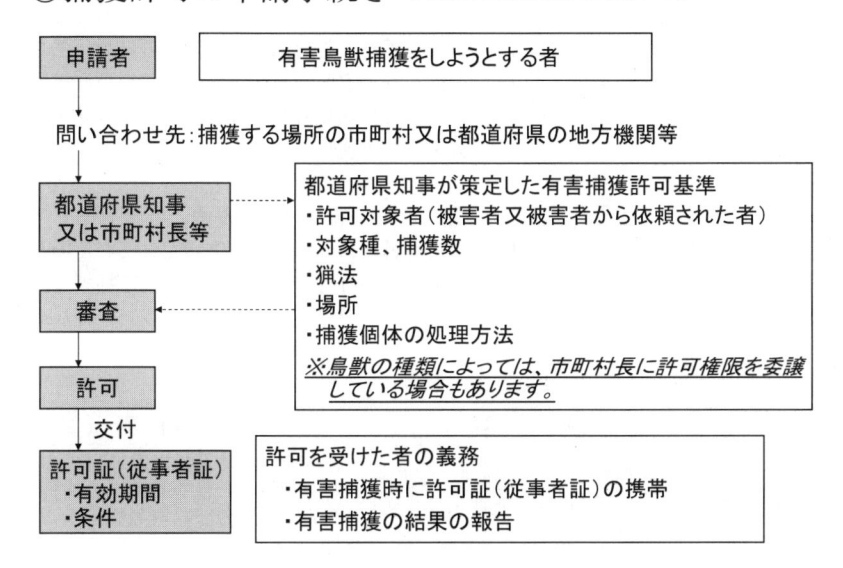

```
[申請者] ──→ 有害鳥獣捕獲をしようとする者
  ↓
問い合わせ先：捕獲する場所の市町村又は都道府県の地方機関等
  ↓
[都道府県知事   ┈┈→ 都道府県知事が策定した有害捕獲許可基準
 又は市町村長等]      ・許可対象者（被害者又被害者から依頼された者）
  ↓                   ・対象種、捕獲数
[審査]         ┈┈→  ・猟法
  ↓                   ・場所
[許可]                ・捕獲個体の処理方法
  ↓ 交付              ※鳥獣の種類によっては、市町村長に許可権限を委譲
[許可証（従事者証）      している場合もあります。
 ・有効期間
 ・条件]       ┈┈→ 許可を受けた者の義務
                       ・有害捕獲時に許可証（従事者証）の携帯
                       ・有害捕獲の結果の報告
```

○狩猟と有害捕獲について（環境省自然環境局資料より）

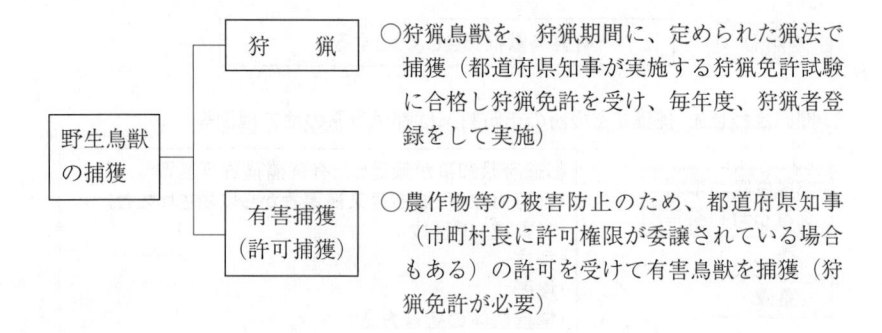

```
                  ┌─ 狩　猟　── ○狩猟鳥獣を、狩猟期間に、定められた猟法で
                  │                捕獲（都道府県知事が実施する狩猟免許試験
野生鳥獣           │                に合格し狩猟免許を受け、毎年度、狩猟者登
の捕獲 ───┤                録をして実施）
                  │
                  └─ 有害捕獲  ── ○農作物等の被害防止のため、都道府県知事
                     （許可捕獲）   （市町村長に許可権限が委譲されている場合
                                    もある）の許可を受けて有害鳥獣を捕獲（狩
                                    猟免許が必要）
```

狩猟と有害鳥獣捕獲を比較すると下のとおり。

区　分	狩　猟	有　害　捕　獲
定　義	狩猟期間に、法定猟法により狩猟鳥獣の捕獲等（捕獲又は殺傷）を行うこと	農林水産業又は生態系等に係る被害の防止の目的で鳥獣の捕獲等又は鳥類の卵採取等を行うこと
対象鳥獣	狩猟鳥獣（ヒグマを含む49種、鳥類のひなを除く）	鳥獣及び卵（狩猟鳥獣以外の鳥獣も含む）
捕獲及び採取の事由	問わない	農林水産業等の被害防止のため
個別の手続き	不要（狩猟免許の取得、毎年度猟期前の登録が必要）	許可申請が必要 申請先：都道府県知事
資格要件	狩猟免許及び狩猟者登録を受けた者	原則として狩猟免許を受けた者
捕獲できる時期	［狩猟期間］ ・北海道以外：11月15日 　　　　　～2月15日 　（ただし猟区においては、10月15日～3月15日） ・北海道：10月1日～1月31日 　（ただし猟区においては、9月15日～2月末日）	許可された期間 （年中いつでも可能）
方　法	法定猟法（網・わな猟、銃猟）	方法は問わない（禁止猟法等については制限あり）

○猟銃等所持許可の申請手続き （警察庁生活安全局資料より）

猟銃所持許可の申請手続き（初めて所持する場合）

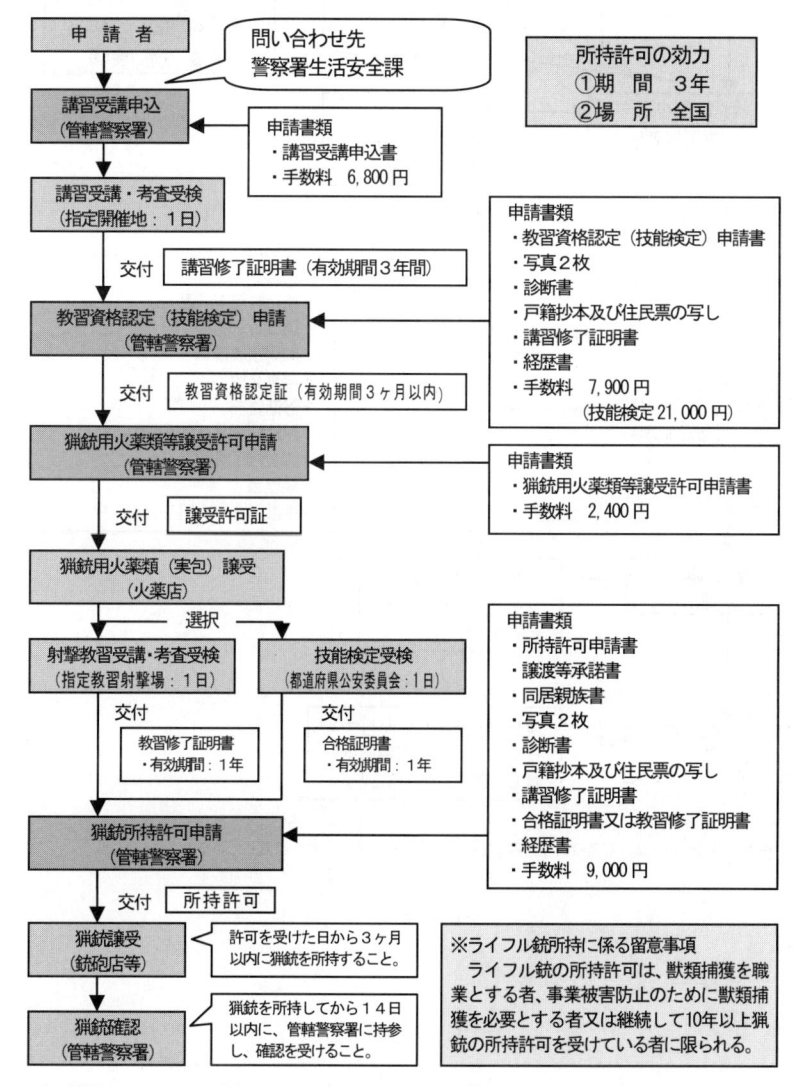

```
申請者
  │
  │  問い合わせ先
  │  警察署生活安全課
  ▼
講習受講申込                         所持許可の効力
(管轄警察署)         申請書類         ①期　間　3年
  │               ・講習受講申込書    ②場　所　全国
  │               ・手数料　6,800円
  ▼
講習受講・考査受検
(指定開催地：1日)
  │
  │ 交付  講習修了証明書（有効期間3年間）
  ▼
教習資格認定（技能検定）申請 ◄──    申請書類
(管轄警察署)                      ・教習資格認定（技能検定）申請書
  │                               ・写真2枚
  │                               ・診断書
  │                               ・戸籍抄本及び住民票の写し
  │                               ・講習修了証明書
  │                               ・経歴書
  │                               ・手数料　7,900円
  │                                 （技能検定 21,000円）
  │ 交付  教習資格認定証（有効期間3ヶ月以内）
  ▼
猟銃用火薬類等譲受許可申請 ◄──    申請書類
(管轄警察署)                      ・猟銃用火薬類等譲受許可申請書
  │                               ・手数料　2,400円
  │ 交付  譲受許可証
  ▼
猟銃用火薬類（実包）譲受
(火薬店)
  │
  │─── 選択 ───┐
  ▼            ▼
射撃教習受講・考査受検    技能検定受検        申請書類
(指定教習射撃場：1日)    (都道府県公安委員会：1日)  ・所持許可申請書
  │            │                            ・譲渡等承諾書
  │ 交付       │ 交付                       ・同居親族書
教習修了証明書   合格証明書                    ・写真2枚
・有効期間：1年  ・有効期間：1年                ・診断書
  │            │                            ・戸籍抄本及び住民票の写し
  └─────┬──────┘                            ・講習修了証明書
        ▼                                    ・合格証明書又は教習修了証明書
猟銃所持許可申請 ◄──                         ・経歴書
(管轄警察署)                                  ・手数料　9,000円
  │
  │ 交付  所持許可
  ▼
猟銃譲受        許可を受けた日から3ヶ月
(銃砲店等)      以内に猟銃を所持すること。
  │
  ▼
猟銃確認        猟銃を所持してから14日
(管轄警察署)    以内に、管轄警察署に持参
                し、確認を受けること。
```

※ライフル銃所持に係る留意事項
ライフル銃の所持許可は、獣類捕獲を職業とする者、事業被害防止のために獣類捕獲を必要とする者又は継続して10年以上猟銃の所持許可を受けている者に限られる。

※手数料については、都道府県の条例で定めており、標準的なものを記載している。

空気銃所持許可の申請手続き（初めて所持する場合）

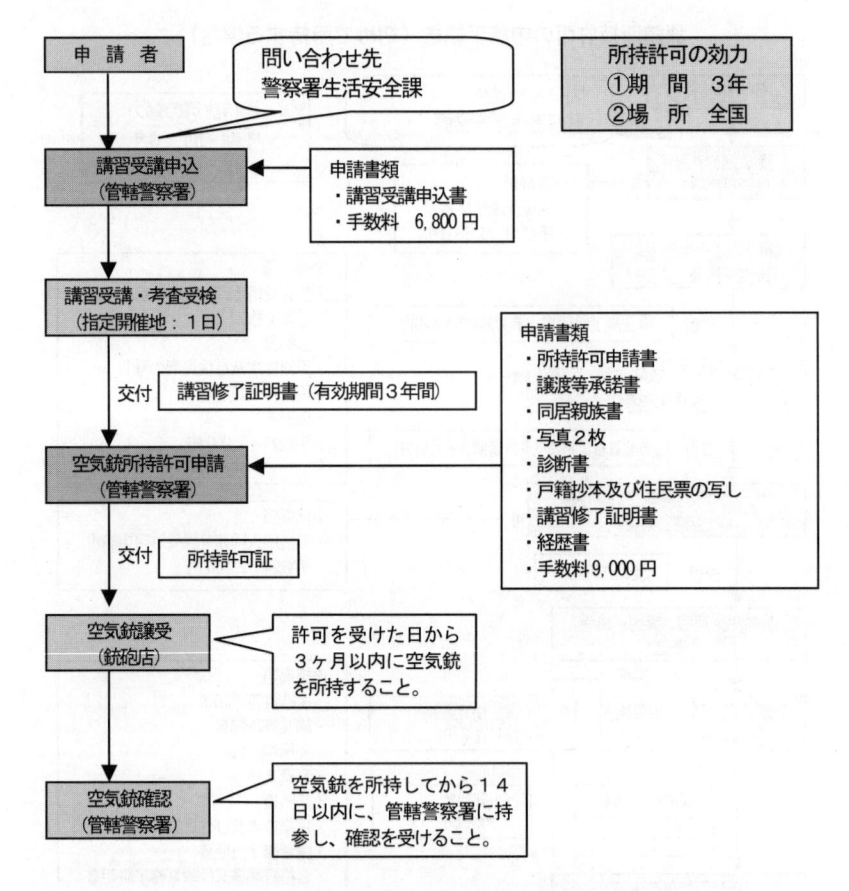

申請者

問い合わせ先
警察署生活安全課

所持許可の効力
① 期　間　3年
② 場　所　全国

講習受講申込
（管轄警察署）

申請書類
・講習受講申込書
・手数料　6,800円

↓

講習受講・考査受検
（指定開催地：1日）

↓ 交付　講習修了証明書（有効期間3年間）

空気銃所持許可申請
（管轄警察署）

申請書類
・所持許可申請書
・譲渡等承諾書
・同居親族書
・写真2枚
・診断書
・戸籍抄本及び住民票の写し
・講習修了証明書
・経歴書
・手数料 9,000円

↓ 交付　所持許可証

空気銃譲受
（銃砲店）

許可を受けた日から3ヶ月以内に空気銃を所持すること。

↓

空気銃確認
（管轄警察署）

空気銃を所持してから14日以内に、管轄警察署に持参し、確認を受けること。

※手数料については、都道府県の条例で定めており、標準的なものを記載している。

○農作物野生鳥獣被害対策アドバイザーの登録制度の概要

（農林水産省生産局資料より）

1. 趣　旨

　　地域における農作物の被害防止対策を的確かつ効果的に実施するため、野生鳥獣による農作物被害の防止に関する専門的な知識及び経験を有し、地域における被害防止対策の実施に際し、助言等を行うことができる者を「農作物野生鳥獣被害対策アドバイザー」として農林水産省に登録し、地域の要請に応じて紹介する制度を設ける。

2. 農作物野生鳥獣被害対策アドバイザーが行う助言等の内容

　　登録アドバイザーが行う助言等の内容は以下のとおり。（すべての事項を義務付けるものではなく、具体的な内容は当事者間の調整による。）
   (1) 地域における被害防止体制の整備
   (2) 防護柵等の被害防止施設の整備
   (3) 被害防止のための捕獲対策
   (4) 野生鳥獣の被害を軽減する営農・農林地管理技術
   (5) 地域における被害防止対策の担い手の育成
   (6) その他野生鳥獣による農作物被害防止対策の推進

3. 登録制度の概要
   (1) 登録手続
     ① 生産局長は、地方農政局、地方公共団体、公的試験研究機関、大学その他これに準ずる公的機関から、アドバイザーの候補者の推薦を受ける。
     ② 生産局長は、地方農政局等から推薦のあった者に対して、アドバイザーの登録を依頼する。
     ③ アドバイザーの登録を承諾する者は、承諾書とアドバイザー登録票を提出する。
     ④ 生産局長は、登録アドバイザーに対して、登録証を発行する。
     ⑤ 登録期間は3年とする。ただし、登録アドバイザーとしての適性に欠けると認められる場合は、登録を取り消すことができる。
   (2) 登録情報の公表

① 登録アドバイザーに係る氏名、連絡先（住所、電話番号、ＦＡＸ番号、電子メールアドレス）、専門分野、派遣可能地域等の情報は、登録簿に記載し、生産局農産振興課鳥獣害対策企画班で管理する。
② 登録簿に記載された情報（連絡先を除く。）は、本人の同意の上、農林水産省のホームページ等で広く一般に公表するとともに、地方農政局等において閲覧を可能とする。
(3) 利用手続
① 登録アドバイザーに助言等を依頼しようとする者（以下「利用者」という。）は、農林水産省のホームページ等において公表された情報から、自らの活動に有用と思われる者を選択し、連絡先を生産局農産振興課鳥獣害対策企画班又は地方農政局農産課鳥獣害対策係に照会する。
② 連絡先の提供を受けた利用者は、直接、登録アドバイザーに連絡をし、依頼する助言等の内容や経費負担について調整する。
③ 依頼者から登録アドバイザーに対して支払われる経費については、交通費、滞在費等に係る実費相当額を基本とし、あらかじめ双方が合意した額とする。
④ 依頼した助言等の活動に関連して、データ収集等の調査が必要な場合には、利用者は当該調査の実施に当たり積極的に協力する。
(4) 資格・権利
本制度は、専門家の情報を提供するものであって、登録によって、公的な資格や権利が付与されるものではない。

4．登録の状況
現在、試験研究機関、大学、都道府県等の専門家を118名登録。

農作物野生鳥獣被害対策アドバイザーの概要（イメージ）

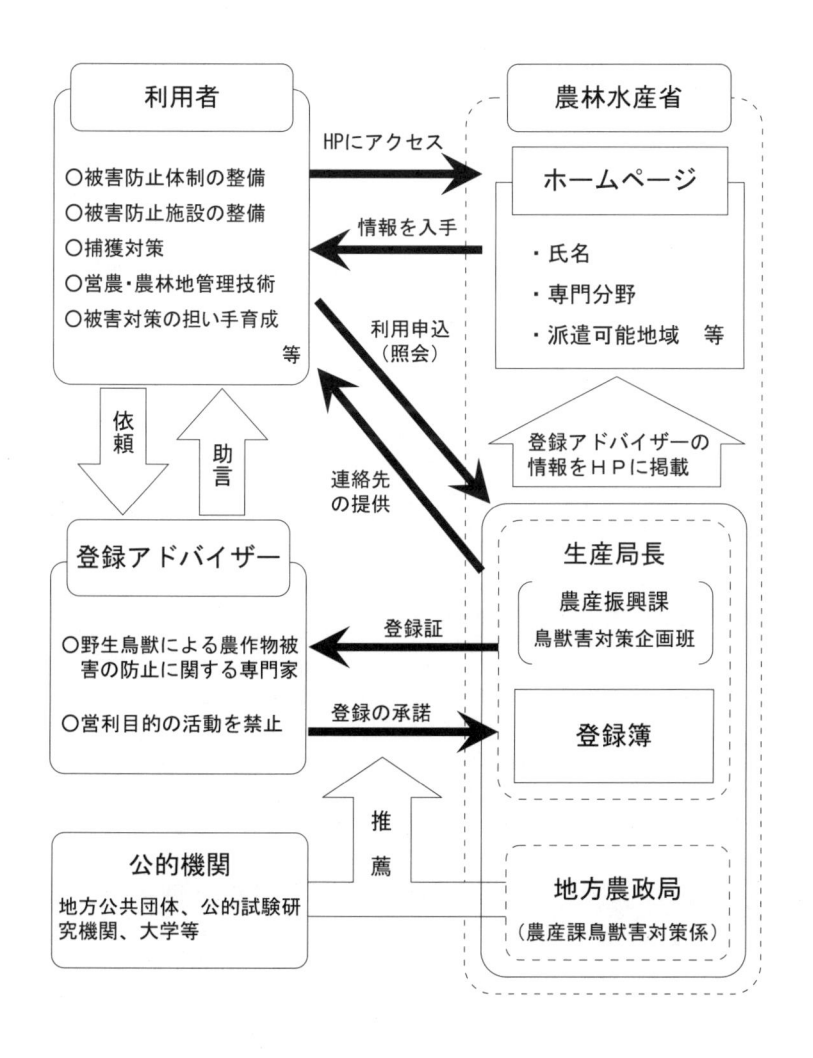

利用者
- 被害防止体制の整備
- 被害防止施設の整備
- 捕獲対策
- 営農・農林地管理技術
- 被害対策の担い手育成
- 等

農林水産省

ホームページ
- 氏名
- 専門分野
- 派遣可能地域　等

利用者 → 農林水産省：HPにアクセス
農林水産省 → 利用者：情報を入手
利用者 → 登録アドバイザー：依頼
登録アドバイザー → 利用者：助言
利用者 → 生産局長：利用申込（照会）
生産局長 → 利用者：連絡先の提供
生産局長 → ホームページ：登録アドバイザーの情報をHPに掲載

登録アドバイザー
- 野生鳥獣による農作物被害の防止に関する専門家
- 営利目的の活動を禁止

生産局長
農産振興課
鳥獣害対策企画班

登録簿

生産局長 → 登録アドバイザー：登録証
登録アドバイザー → 生産局長：登録の承諾

公的機関
地方公共団体、公的試験研究機関、大学等

公的機関 → 生産局長：推薦

地方農政局
（農産課鳥獣害対策係）

第5編　鳥獣被害対策に関する官庁窓口

○鳥獣被害対策に関する官庁窓口

農林水産省　　生産局農産振興課環境保全型農業対策室　　　　　　　　鳥獣害対策企画班・指導班（内線4772）
　〒100-8950
　東京都千代田区霞ヶ関1-2-1
　TEL　03-3502-8111（代）

東北農政局　　生産経営流通部農産課　鳥獣害対策係（内線4096）
　〒980-0014
　仙台市青葉区本町3-3-1　仙台合同庁舎
　TEL　022-263-1111（代）

関東農政局　　生産経営流通部農産課　鳥獣害対策係（内線3318）
　〒330-9722
　さいたま市中央区新都心2-1　さいたま新都心合同庁舎2号館
　TEL　048-600-0600（代）

北陸農政局　　生産経営流通部農産課　鳥獣害対策係（内線3318）
　〒920-8566
　金沢市広坂2-2-60　金沢広坂合同庁舎
　TEL　076-263-2161（代）

東海農政局　　生産経営流通部農産課　鳥獣害対策係（内線2471）
　〒460-8516
　名古屋市中区三の丸1-2-2
　TEL　052-201-7271（代）

近畿農政局　　生産経営流通部農産課　鳥獣害対策係（内線2319）
　〒602-8054
　京都市上京区西洞院通下長者町下ル丁子風呂町
　TEL　075-451-9161（代）

中国四国農政局　　生産経営流通部農産課　鳥獣害対策係（内線2429）
　〒700-8532
　岡山市下石井1-4-1　岡山第2合同庁舎
　TEL　086-224-4511（代）

九州農政局　　生産経営流通部農産課　鳥獣害対策係（内線4218）
　〒860-8527　熊本市二の丸1-2　熊本合同庁舎
　TEL　096-353-3561（代）

沖縄総合事務局　　農林水産部農畜産振興課　生産総合指導係
　　　　　　　　　（内線83362）
　〒900-0006
　那覇市おもろまち2-1-1
　TEL　098-866-0031（代）

Q&A 早わかり鳥獣被害防止特措法

2008年7月18日　第1版第1刷発行

編　著	自由民主党農林漁業 有害鳥獣対策検討チーム
発行者	松　林　久　行
発行所	株式会社 大成出版社

東京都世田谷区羽根木1—7—11
〒156-0042　電話 03(3321)4131(代)
http://www.taisei-shuppan.co.jp/

©2008　自由民主党農林漁業有害鳥獣対策検討チーム　　印刷　亜細亜印刷

落丁・乱丁はおとりかえいたします

ISBN978-4-8028-0576-6

図書のご案内

農地制度 何が問題なのか

元食糧庁長官・現弁護士　髙木賢／編著

四六判・上製・224頁・定価2,520円（本体2,400円）・図書コード0573

農地制度の新理念は、農地の「有効利用」—
耕作放棄地解消。面的集積。有効利用を担うのは誰か。
株式会社は農地の有効利用の担い手たり得るのか。
複雑な農地制度の問題の所在を明快に解明。

［逐条解説］農山漁村活性化法解説

農山漁村活性化法研究会／編著

A5判・並製・210頁・定価2,940円（本体2,800円）図書コード0566

活性化計画について、条文に沿って具体的に解説。
都道府県、市町村が作成する所有権移転等促進計画の記載内容も明らかにしている。

［改訂4版］鳥獣保護法の解説

鳥獣保護管理研究会／編著

A5判・670頁・定価6,720円（本体6,400円）図書コード0556

きめ細かな逐条解説により、条文理解に最適
法律政令省令の早見表を登載する他、関係法規も充実。

ご注文はホームページから
http://www.taisei-shuppan.co.jp/

株式会社 大成出版社

〒156-0042 東京都世田谷区羽根木1-7-11
Tel 03-3321-4131　Fax 03-3325-1888